时尚的设计 优雅女性风

05…7 页

06…8 页

07…9 页

08…10 页

09…12 页

心中的憧憬　七彩休闲风

15…20 页

16…21 页

17…22 页

18…23 页

19…24 页

横条纹和竖条纹的清爽世界

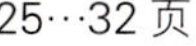
25…32 页

26…33 页

27…34 页

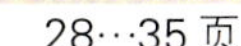
28…35 页

29…36 页

●本书编织图中表示长度的数字均以厘米（cm）为单位。

清凉的诱惑
通透的编织

在夏日阳光的照射下,
镂空的蕾丝即是视觉
上最凉爽的花样。
手工编织独具优美的通透感,
适合外出穿着。

01

Cardigan

对称的前身片钩织成线条形的花样，搭配后身片的扇形花样，是一件花样多变的开衫。披肩领可呵护后颈免于紫外线的伤害，是非常优秀的设计。

设计 = 岸 睦子
制作 = 志村真子
使用线 =Ski Islay
编织方法见 48 页

02

Vest

与其说是一件背心，不如说是一件华丽的装饰品。从身片中线开始向左右两侧横向钩织，小巧的扇形花样与锁针的组合，充满流动感的魅力。

设计 = 原田千惠子
使用线 =Ski Islay
编织方法见 41 页

03

Vest

浅色的段染线，在网格花中搭配着爆米花针，形成美丽的花苞花样的背心。从肩膀往下钩织，展现出身材的线条之美。

设计＝河合正子
制作＝KAWAIHANDKNIT 研究会
使用线＝Ski Liliana
编织方法见 50 页

Vest

清凉手感的麻线，花样明快的背心，让人心情安定的编织肌理，加上明亮的绿松石色，这件无袖衫清爽活泼又闪闪发光。

设计 =MiCHi
使用线 = Ski Cotton Linen~ 夏衣 ~
编织方法见 52 页

04

Pullover

简单的网格编织花样，沉静的紫色系给人留下美好的印象。直线形的宽松板型，蓬松的灯笼袖，无不彰显出优雅的女人味。

设计 = 木之下 薰
使用线 = Ski Cotton Linen~ 夏衣 ~
编织方法见 54 页

05

Pullover

上部为密实的花样，下部为锁针连接的四叶草花样，细密感与疏朗感完美共存，是一件充满乐趣的钩织作品。亮丝光泽散漫的美丽段染线，让套头衫呈现出绘画般的美感。

设计 =Fukiko
使用线 = Ski Gypsy Lame
编织方法见 45 页

06

Cardigan

这是一件采用浅色调段染线编织的轻薄开衫。透风的清凉设计，在排花的变换中充满编织的乐趣。

设计 = 多原纪子
使用线 =Ski Vega
编织方法见 56 页

07

时尚的设计
优雅女性风

无论什么季节，女性总不忘增加一件穿法简单的衣服。这里向您介绍本季最好搭配的单品。

08

Pullover

这件凉爽的套头衫由从中心向外钩织的正方形花片连接而成。直线形的板型、柔和的色调和狗牙针的边缘装饰，呈现出优美的模样。

设计 = 渡边明美
制作 =KAWAIHANDKNIT 研究会
使用线 =Ski Leaf
编织方法见 60 页

Vest

这是一件使用若隐若现泛着光泽的凉爽线材钩织菱形花样的背心，上身后无比华丽，可随内搭给人不同的印象，这种仿佛有魔力的蕾丝衫太让人喜欢了。

设计 = 冈 真理子
使用线 =Ski Sofia
编织方法见 62 页

09

10

Pullover

先用小巧的圆形花片连接成大菱形花片，然后再组合成这件新颖的套头袖。不仅钩织过程充满趣味，上身效果也很不错。

设计 = 小野琇未
制作 = 森山妙子
使用线 =Ski Sofia
编织方法见 68 页

11

Cape

将心仪的菠萝花样，大胆钩织成宽松的披肩，缝合袖下，更增添了作品穿着时的稳定，十分舒适。干爽亲肤的麻丝线材，呈现优美的轮廓。

设计 =Fukiko
使用线 =Ski Linen Silk
编织方法见 65 页

Cardigan

这件长开衫由两种通透花样组合而成，边缘点缀着可爱的狗牙针。法国亚麻和真丝的混纺线材，让你享受高品质的舒适感。

设计 = 矢野康子
制作 = 坂本令子
使用线 =Ski Linen Silk
编织方法见 72 页

12

Cardigan

金色亮丝闪闪发光，柔软的莉莉纱（Lily Yarn）带来端庄的成衣效果，是一件优雅有趣的开衫。袖口和下摆的小荷叶边装饰，增添了甜美的感觉。

设计 = 林 久仁子
使用线 =Ski Clair Gold
编织方法见 75 页

13

Cardigan

混入亮丝的美丽彩色段染线编织出通透花样，散发如画一样的美感，是一件触感柔软的外套。宽大的披肩式衣领，有不同的穿法，充满趣味。

设计 = 岸 睦子
使用线 =Ski Gypsy Lame
编织方法见 76 页

14

心中的憧憬 七彩休闲风

在明亮的阳光下也毫不逊色，美丽又大胆的配色，新鲜又时尚的设计。再加上小物点缀，这里为您提供快乐的休闲风穿搭建议。

15

Vest

这件颜色鲜亮的背心由一个个三角片花样组成，编织手法的巧妙运用，生动地呈现出段染线的魅力。热烈的颜色，充满夏日的元气。

设计 = 原田千惠子
使用线 =Ski Palace
编织方法见 81 页

Pullover

采用与作品 15 相同的花样，增加袖子形成套头衫。逐渐过渡的色彩变化，充满不可思议的魅力，特别适合度假时穿着。

设计 = 原田千惠子
使用线 =Ski Palace
编织方法见 84 页

16

Pullover

使用钩针横向编织袖子与育克部分，使用棒针从育克下边缘挑针向下编织。高级的段染线在花样中演绎颜色变化的美丽。宽宽的似乎要飞舞似的袖子十分凉爽。

设计 = 森冈惠美
使用线 =Ski Vega
编织方法见 78 页

17

18

Marguerite

这是一件莲花花样的可爱的玛格丽特小披肩。只需钩织一个四边形，不费功夫地缝合一下，就能变成一件穿着舒适的作品。小巧的扇形边缘点缀出轻盈的感觉。

设计 =PLUS ONE ADDITION
使用线 =Ski Cotton Brill Colorful
编织方法见 58 页

Muffler

给夏日的装扮带来心动感觉，连编花片而成的围巾。两端的流苏花片，随着穿着者的移动而摇曳，是让人心神荡漾的设计。

设计 =Ha-Na
使用线 =Ski Palace
编织方法见 80 页

19

Beret

意想不到的颜色变化，充满乐趣的莉莉纱，一圈圈环形钩织组成了这款贝雷帽。圆圆的形状不仅轮廓美丽，而且便于携带，充满魅力。

设计 = 松本薰
使用线 =Ski Palace
编织方法见 86 页

20

21

花样丰富的棒针编织

轻薄的钩针作品在春夏最受欢迎，在平面的编织肌理中变化的花样也让棒针作品充满魅力。现在为您介绍一系列花样丰富、穿着舒适的优秀棒针编织作品。

Pullover

亚麻真丝线特有的温润光泽让具有动感的钻石花样看起来十分美丽。清爽的颜色给人留下美好印象。边缘的罗纹针以网眼针点缀，增加了温柔的气息。

设计 = 藤原菊子
使用线 =Ski Linen Silk
编织方法见 88 页

22

Pullover

华丽的蕾丝花样，浑然一体的身片设计，凸显女性的柔美。混入真丝的美丽高档线，令作品熠熠生辉。

设计 =PLUS ONE ADDITION
使用线 =Ski Islay
编织方法见 90 页

23

Vest

故意滑落的针目，形成梯子花样，这件凉爽而简单的背心，因为沉静的颜色和内敛的光泽，成为穿着率很高的作品。

设计 = 田村加奈惠
使用线 =Ski Liliana
编织方法见 92 页

Pullover

使用很多颜色、看似复杂的编织花样，其实是一种段染线编织而成的。一想到这是世界上独一无二的手工作品，穿着的人肯定会非常开心。

设计 = 田村加奈惠
使用线 =Ski Palace
编织方法见 94 页

25

Stole

将罗纹针部分折叠，然后编织单桂花针，这条披肩颜色美丽又合体。如将流苏侧从双层罗纹针中间穿出，既可防止穿着时松开，又很有时装范儿，功能强大哟。

设计 = 星野真美
使用线 =Ski Iris
编织方法见 96 页

Pullover

细密齐整的下针编织与立体感很强的镂空花样，形成绝妙的对比。下摆及插肩线用枣形针织出了线条美，是成熟女性青睐的休闲风格。

设计 = 镰田惠美子
制作 = 小林知子
使用线 =Ski Islay
编织方法见 100 页

横条纹和竖条纹的清爽世界

大家都喜欢的夏日必备款——横条纹和竖条纹作品。下面的作品全采用了轻快的条纹花样，集中介绍在条纹上呈现出来的精彩花样。

27

Vest

彩虹般绚丽的颜色，
上部为横条纹，
下部为竖条纹。
使用钩针编织，
是一件花样生动、充满魅力的无袖衫。

设计 = 矢野康子
制作 = 长谷川千代子
使用线 =Ski Palace
编织方法见 102 页

Vest

使用段染线编织凤尾花，呈现出动感的条纹之美。绕线编的运用令针目纤细而通透，引人注目。

设计 = 冈 真理子
制作 = 指田容子
使用线 =Ski Iris
编织方法见 104 页

28

Vest

这件Y形领的无袖长开衫在下针编织的基础上运用浮针花样，表现出粗细不同的两种条纹。使用高档线材做简单的设计，更衬托出自由随性的风格。

设计 = 镰田惠美子
制作 = 有我贞子
使用线 =Ski Linen Silk
编织方法见106页

30

Vest

段染线的颜色变化自然，给人如水彩画般的印象。细条纹整齐排列，横看、纵看都成花样，缆绳花样于胸口处一分为二，形成 V 领两侧美丽的装饰。

设计 = 武田敦子
制作 = 雨宫崇子
使用线 =Ski Vega
编织方法见 108 页

31

Pullover

利用小巧的格子花样和叶子花样的清晰对比，表现出细条纹的套头衫。宽松的板型和插肩袖的设计，穿起来十分舒适。

设计 = 武田敦子
制作 = 亚砂子
使用线 =Ski Cotton Linen~ 夏衣 ~
编织方法见 110 页

Pullover

使用 3 种颜色的线，钩织出纤细的条纹。无论是边缘处的狗牙针装饰，还是细微处的精致处理，都展现出女性的柔美，是一件美丽的上衣。

设计 = 林 久仁子
使用线 =Ski Linen Silk
编织方法见 97 页

32

＊本书用线＊

图片为实物大小

线名	成分	粗细	色数	规格	线长	使用针号	下针编织密度	线的特征
1 Ski Palace	腈纶 77% 人造丝 23%	粗	7	每团 30 克	约 113 米	棒针 4 ~ 6 号 钩针 4/0 号、 5/0 号	22~25 针 26~32 行	特征是不断变换的明亮的颜色，干爽的手感和光泽感并存，莉莉纱（一种包芯线）的形状编织起来很舒服
2 Ski Gypsy Lame	棉 51%　腈纶 43% 涤纶（亮丝）6%	中细	8	每团 25 克	约 107 米	棒针 3~5 号 钩针 3/0~5/0 号	23~25 针 32~34 行	色调沉静而华丽的段染线。手感非常舒适，其中亮丝的光泽提升了织物的质感
3 Ski Cotton Brill Colorful	棉 97% 涤纶 3%	中细	6	每团 25 克	约 102 米	棒针 2 号、3 号 钩针 2/0 号、3/0 号	31~32 针 36~37 行	捻入亮丝线加强了棉线的光泽度，是颜色清爽的段染线。亮亮的光泽中带有淡淡的颜色变化，品味高雅
4 Ski Islay	真丝 48%　棉 32% 锦纶 20%	中细	8	每团 25 克	约 102 米	棒针 3 号、4 号 钩针 3/0 号、4/0 号	24~26 针 33~36 行	这种细细的圆形的线，表面似乎被透明的光泽所包围。柔软，适合棒针编织。隐约可见的颜色，可爱的魅力正合女人的心意
5 Ski Liliana	棉 39%　涤纶 23% 锦纶 18%　麻（亚麻）10% 麻（苎麻）10%	粗	11	每团 25 克	约 95 米	棒针 5~7 号 钩针 5/0 号、 6/0 号	22~25 针 24~27 行	手感干爽的段染线，有光泽、颜色美丽的花式纱线。由 3 种不同的材料捻成莉莉纱，充满蓬松感，色调成熟又稳重
6 Ski Linen Silk	麻（法国亚麻）70% 真丝 30%	中细	16	每团 25 克	约 99 米	棒针 3~5 号 钩针 3/0~5/0 号	23~26 针 26~30 行	法国以生产优质亚麻而闻名。此线使用法国原产亚麻和真丝混纺，兼具美丽的光泽和凉爽的手感
7 Ski Cotton Linen ~夏衣~	棉 70% 麻（亚麻）30%	中细	18	每团 30 克	约 116 米	棒针 3 号、4 号 钩针 3/0 号、4/0 号	26~28 针 33~35 行	颜色丰富的亚麻和棉混纺，产生美丽的自然光泽
8 Ski Vega	腈纶 54% 人造丝 46%	粗	10	每团 25 克	约 104 米	棒针 4~6 号 钩针 3/0~5/0 号	24~25 针 30~33 行	编织中会形成条纹花样的高档线。结合不同的针号和花样，可以呈现不同感觉的颜色变化，让你享受原创的编织设计之乐
9 Ski Leaf	腈纶 59% 指定外纤维（和纸）24% 涤纶 17%	中细	10	每团 25 克	约 116 米	棒针 3 号、4 号 钩针 3/0 号、 4/0 号	23~24 针 36~37 行	此线由不同素材多股合捻，既有和纸恰到好处的张力的特征，又有亮丝线美丽的色泽。清凉的夏季素材线，适合编织各种单品
10 Ski Iris	棉 62% 人造丝 38%	中细	9	每团 30 克	约 107 米	棒针 2~4 号 钩针 2/0 号、 3/0 号	23~26 针 32~34 行	具有适度的张力和清凉感，是光泽美丽的春夏用线。在重复中变化的颜色，充满百搭的魅力
11 Ski Sofia	棉 83% 人造丝 10% 涤纶 7%	中细	9	每团 30 克	约 127 米	钩针 3/0 号、 4/0 号	21~24 针 31~33 行 （编织短针）	扁带状的棉线，用有光泽的素材缠绕，用于钩针编织的中细型线。间或出现的光泽，又清爽又美丽
12 Ski Clair Gold	腈纶 64% 锦纶 21% 涤纶 15%	中细	12	每团 40 克	约 165 米	棒针 3~5 号 钩针 3/0 号、 4/0 号	24~25 针 34~36 行	混色毛纱不张扬的色调和金色丝线组合在一起，整体感觉非常协调，这是莉莉纱类型的时尚毛线

摄影　白井由香里

作品的编织方法

02
4页

●**材料** Ski Islay（中细）红色系（1306）120g=5团

●**工具** 钩针5/0号、6/0号

●**成品尺寸** 胸围94cm，肩宽38cm，衣长50cm

●**密度** 10cmx10cm面积内：编织花样24针、11行

●**编织要点** 从身片中线处开始向左右两侧横向钩织。后身片使用罗纹绳编织起针，挑起锁针的2根线进行编织花样的钩织。为了同时钩织下摆的装饰花样，比身片的编织花样多钩几针锁针，修改花样为流苏状。腋下处接上新线钩织，最后钩织2针锁针再断线。另一侧，从罗纹绳余下的2根线里挑针开始钩织，最后引拔后留2米线。前身片的领窝使用锁针起针实现加针，与后身片采用同样的要领钩织。肩部使用引拔针和锁针的接合，胁部为前、后身片正面相对对齐，用余线一边钩织一边接合，最后钩织2针锁针再将余线引拔出。领口钩织边缘编织A，袖口钩织边缘编织B，均为环形钩织，拐角的减针参照图解。

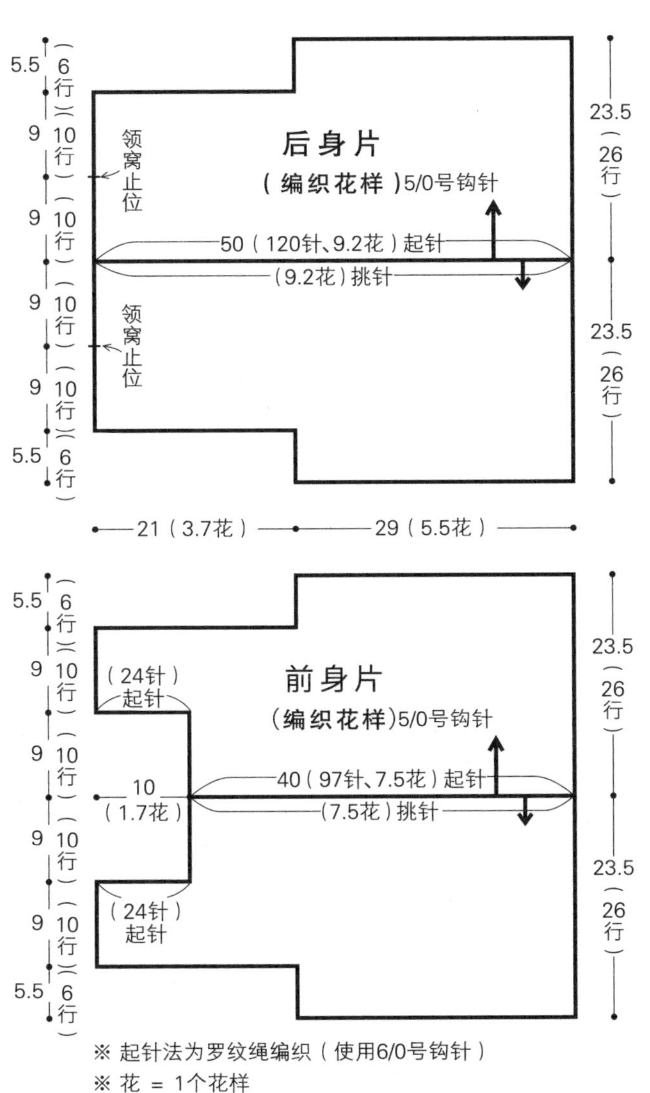

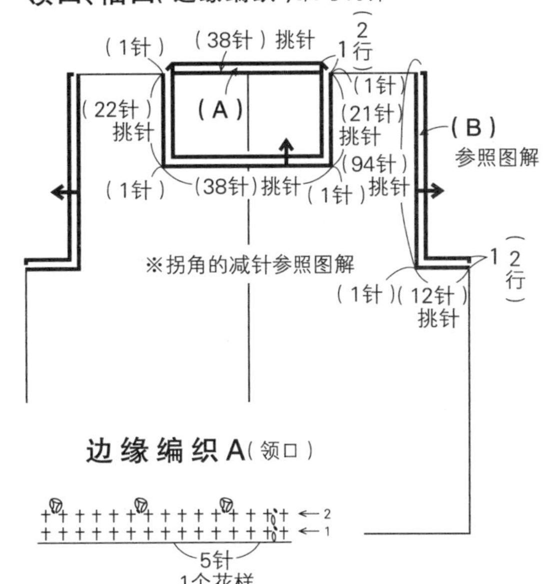

下摆花样的钩织方法

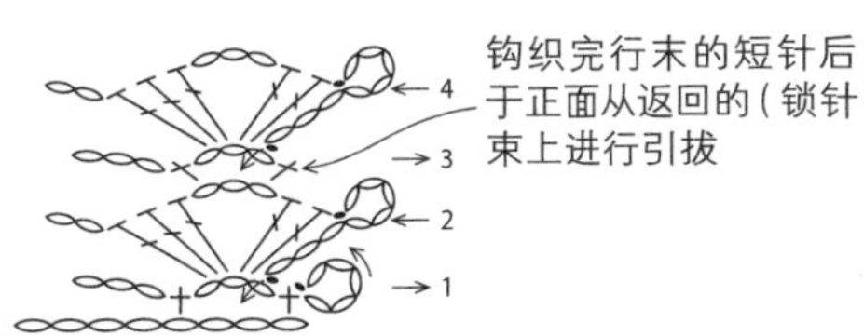

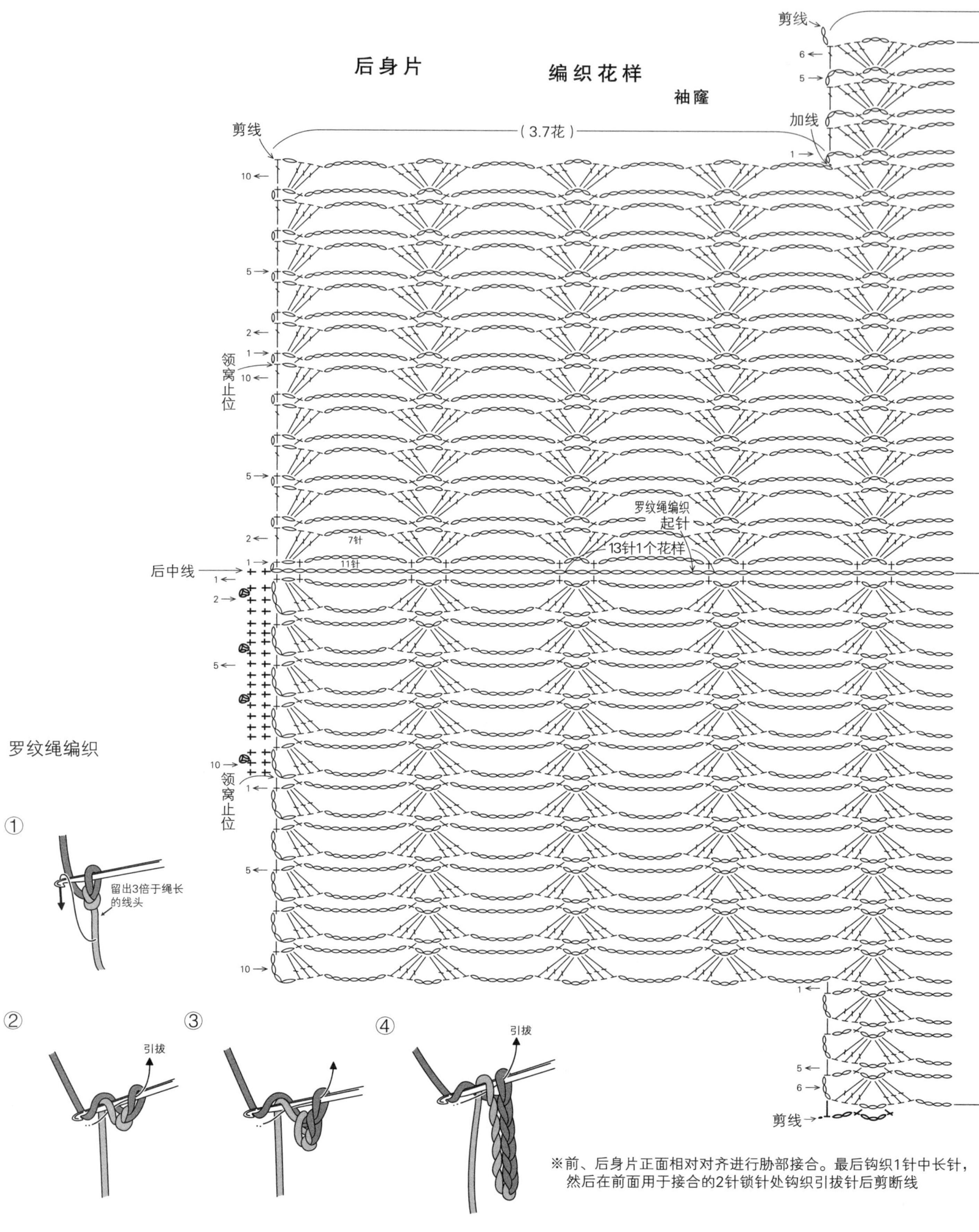

※前、后身片正面相对对齐进行胁部接合。最后钩织1针中长针，然后在前面用于接合的2针锁针处钩织引拔针后剪断线

（5.5花）

加线

胁部接合
（使用余线继续钩织）

◆作品 07 接 57 页

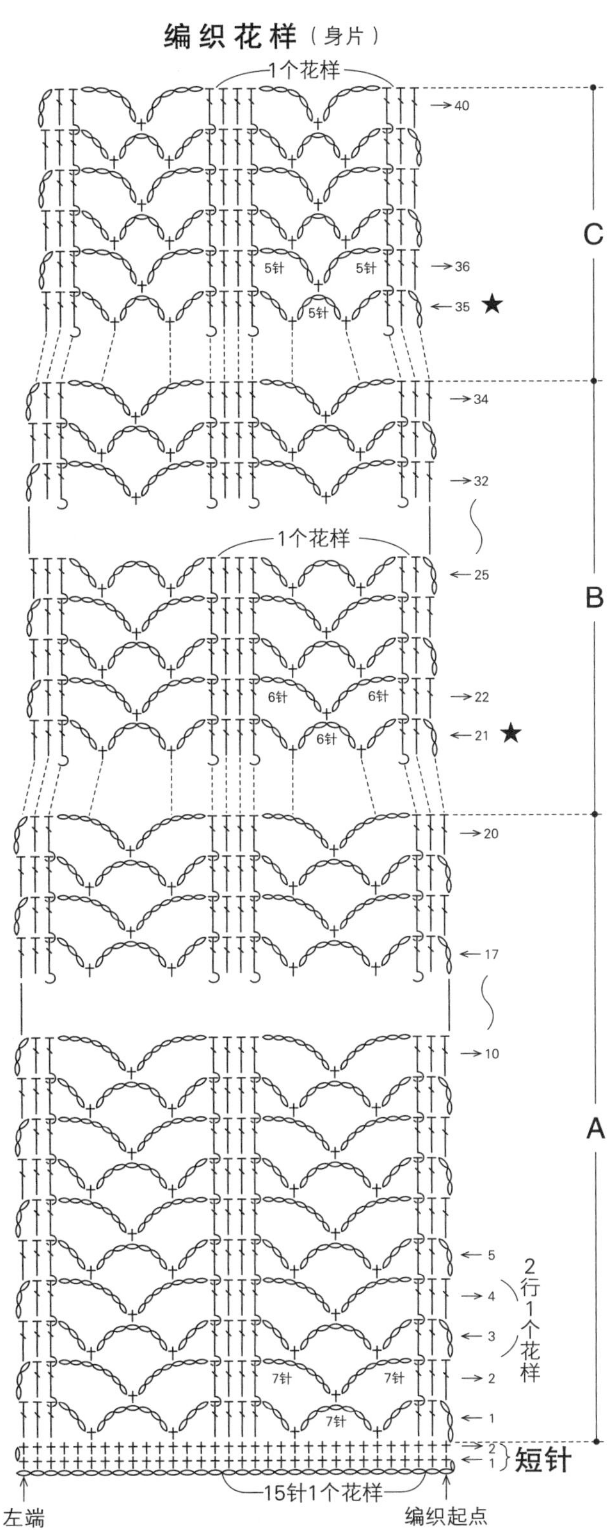

※★处的行，锁针的针数由于分散减针而减少

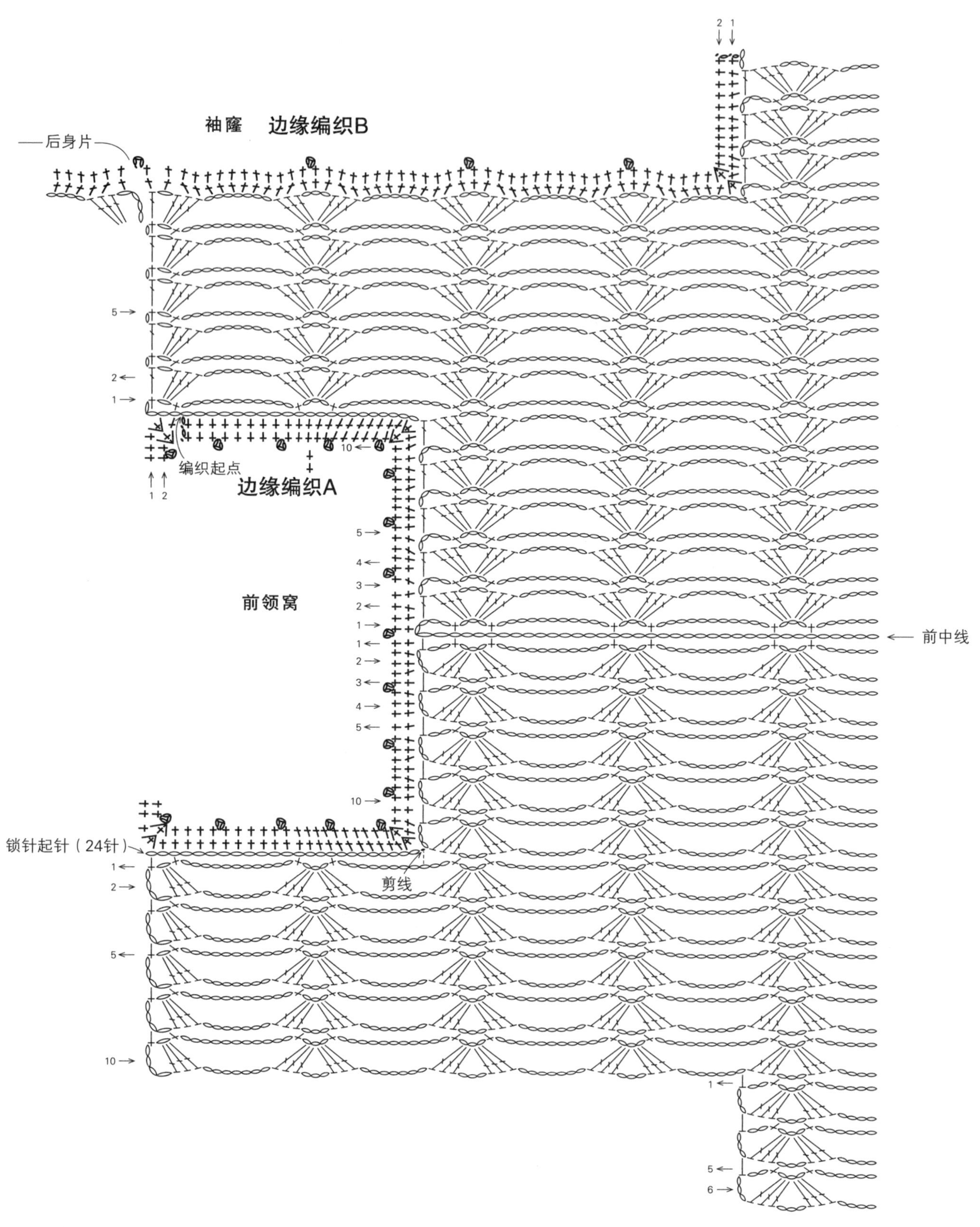
袖窿 边缘编织B
后身片
编织起点
边缘编织A
前领窝
前中线
锁针起针（24针）
剪线
1
2
5
10
1
2
3
4
5
6

06

8页

●材料 Ski Gypsy Lame（中细）绿色＋粉色系（1703）215g=9团

●工具 钩针5/0号

●成品尺寸 胸围92cm，衣长55.5cm，连肩袖长38cm

●密度 编织花样 A 1个花样5.7cm x 7.5cm，10cmx10cm面积内：编织花样C 28.5针、14行

●编织要点 使用编织花样 A钩织下摆。连编花片的钩织方法为每行钩织半朵小花返回时钩织另半朵小花，完成12行后在侧边一边补花一边将下摆连接成筒状。前、后身片分开钩织，参照图解指定针数进行挑针，依次钩织编织花样 B、C。后身片增加弧形部分8行，斜肩参照图2、图3，后领窝参照图2，前领窝参照图3钩织。前、后肩部做卷针缝，胁部做引拔针和锁针的接合。袖子参考下摆的要领钩织编织花样 A，最后一行钩织引拔针与身片连接，并在袖下一边补花一边将袖子连接成筒状。领口钩织短针进行调整。

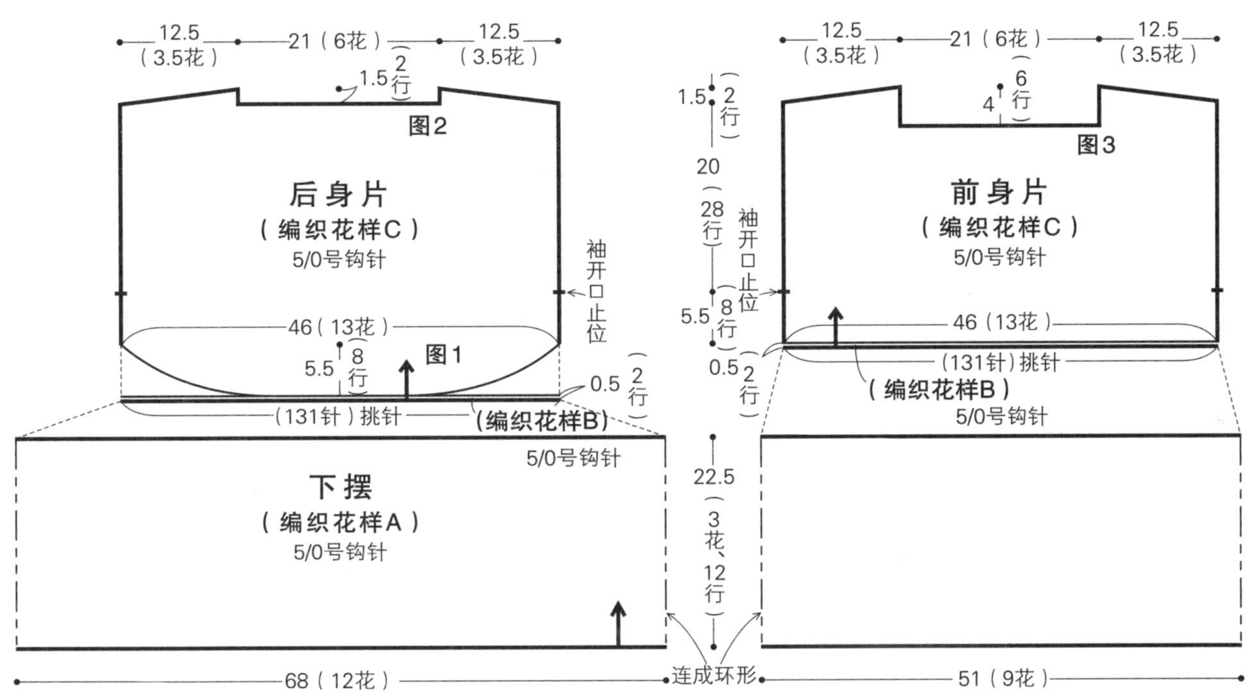

※ 花 = 1个花样

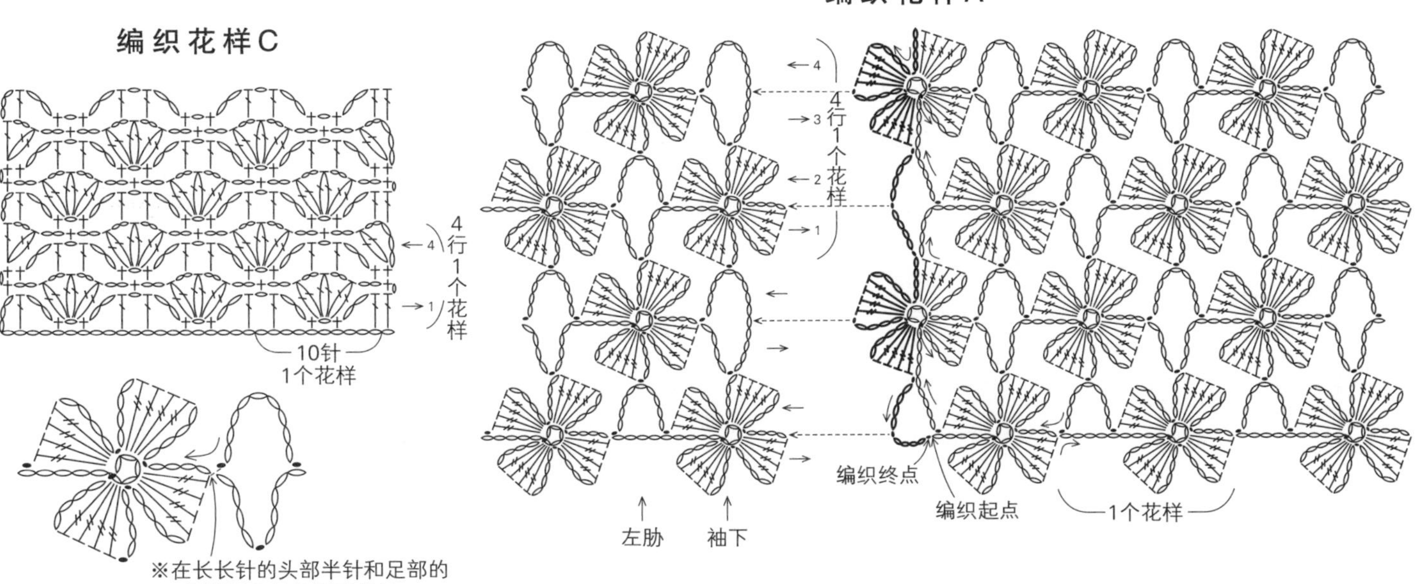

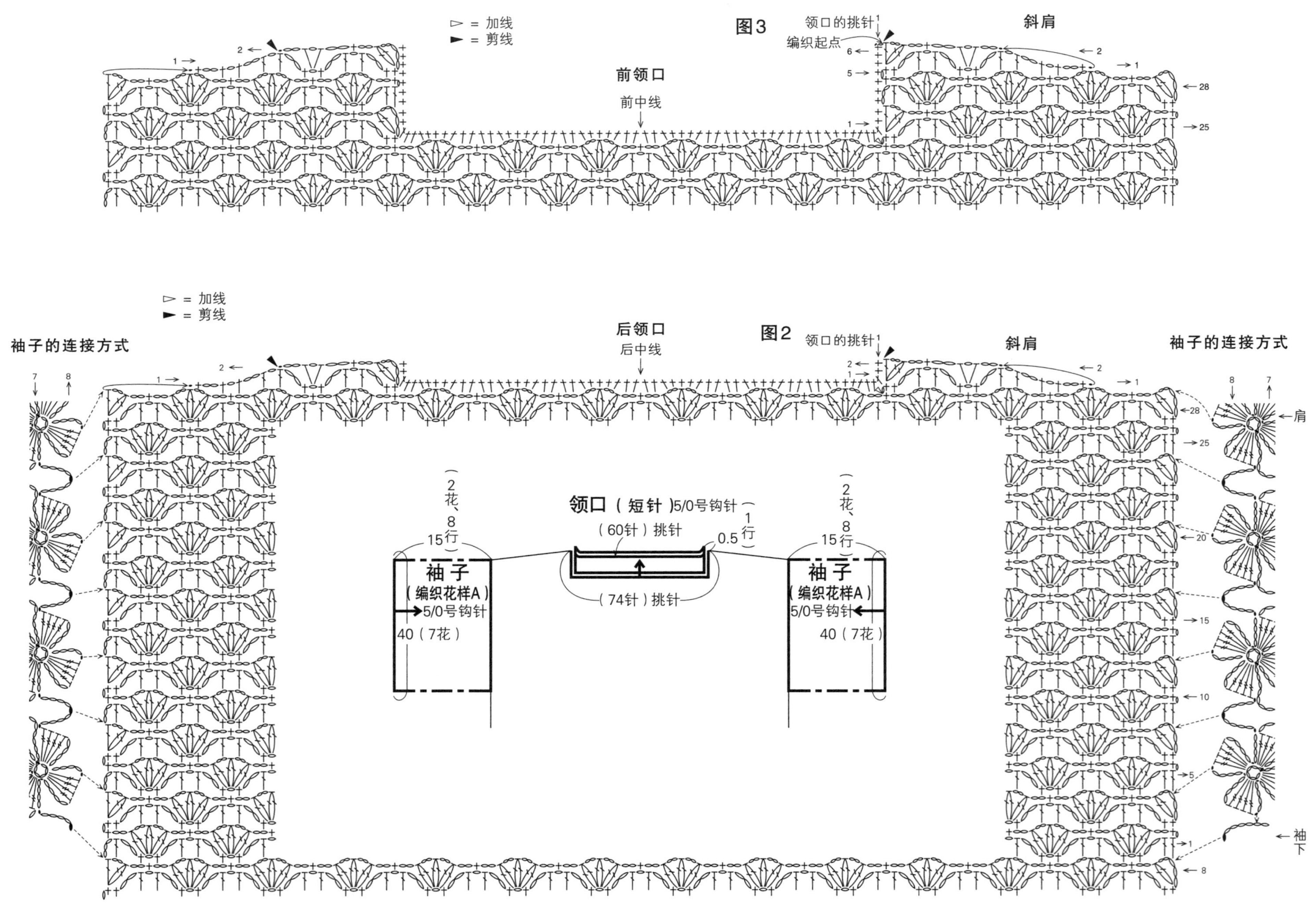

▷ = 加线
▶ = 剪线
图3
领口的挑针
编织起点
斜肩
前领口
前中线
▷ = 加线
▶ = 剪线
袖子的连接方式
后领口
后中线
图2
领口的挑针
斜肩
袖子的连接方式
肩
袖下
领口（短针）5/0号钩针
（60针）挑针
（74针）挑针
0.5（1行）
15（2花、8行）
袖子（编织花样A）
5/0号钩针
40（7花）

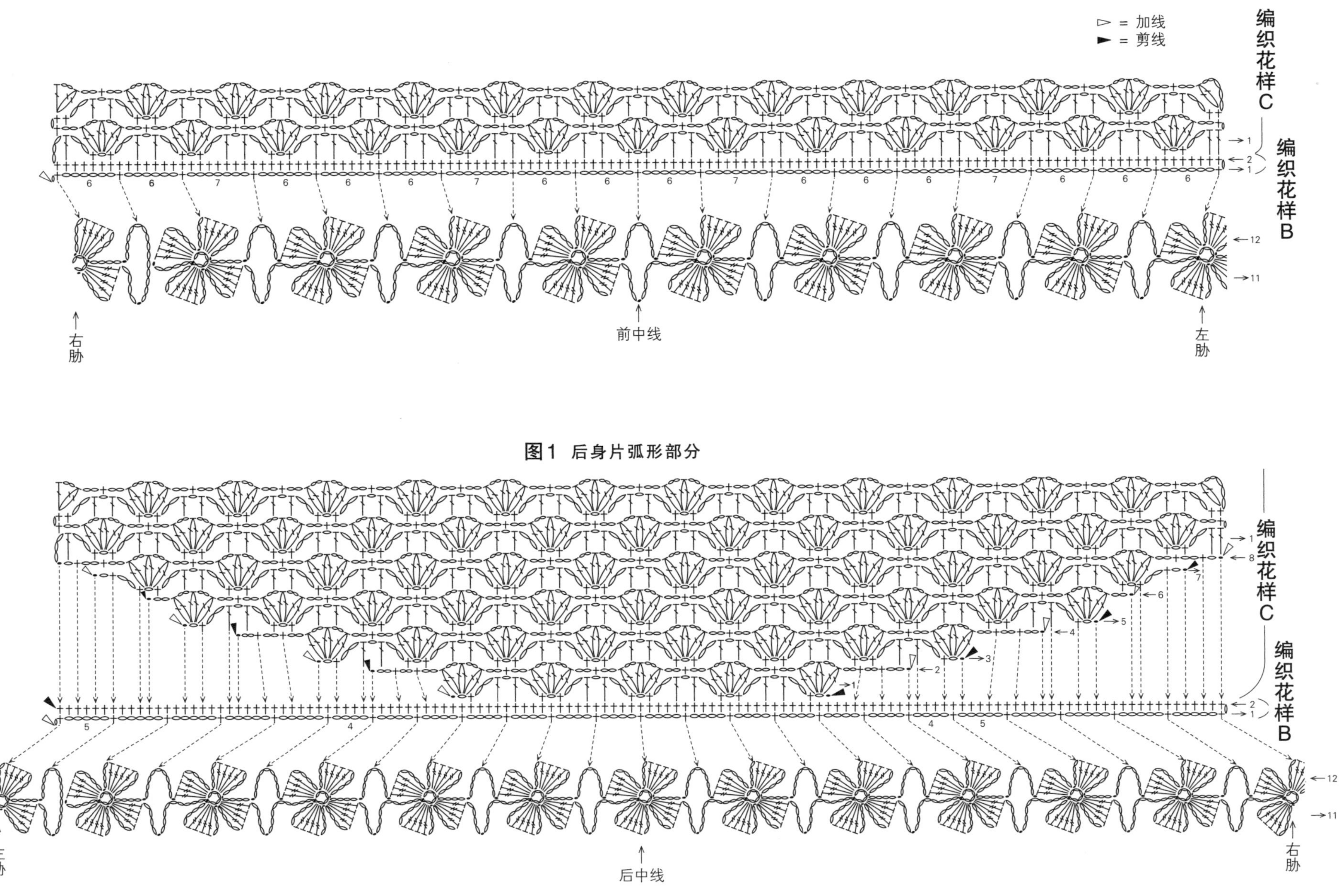

图1 后身片弧形部分

●**材料** Ski Islay（中细）浅橘色系（1302）260g=11团，直径2.3cm的纽扣1颗

●**工具** 钩针4/0号

●**成品尺寸** 胸围104cm，衣长65cm

●**密度** 编织花样A 1个花样8.5cm x 11cm，10cmx10cm面积内：编织花样B 25.5针、10.2行

●**编织要点** 后身片锁针起针，从育克部分向下钩织编织花样A。育克部分两侧的加针参考图解，下部身片等针直编，最后一行调整花样将织物底边拉平。沿育克侧边挑针，左、右前身片分别钩织编织花样B，无加减针。衣领、前门襟从前身片的侧边及育克部分的起针行处连续挑针，钩织编织花样B'，右前门襟钩织纽襻。胁部使用短针和锁针的接合，直到袖开口止位。下摆为前门襟、前后身片连续钩织边缘编织。袖口环形钩织编织花样B''。

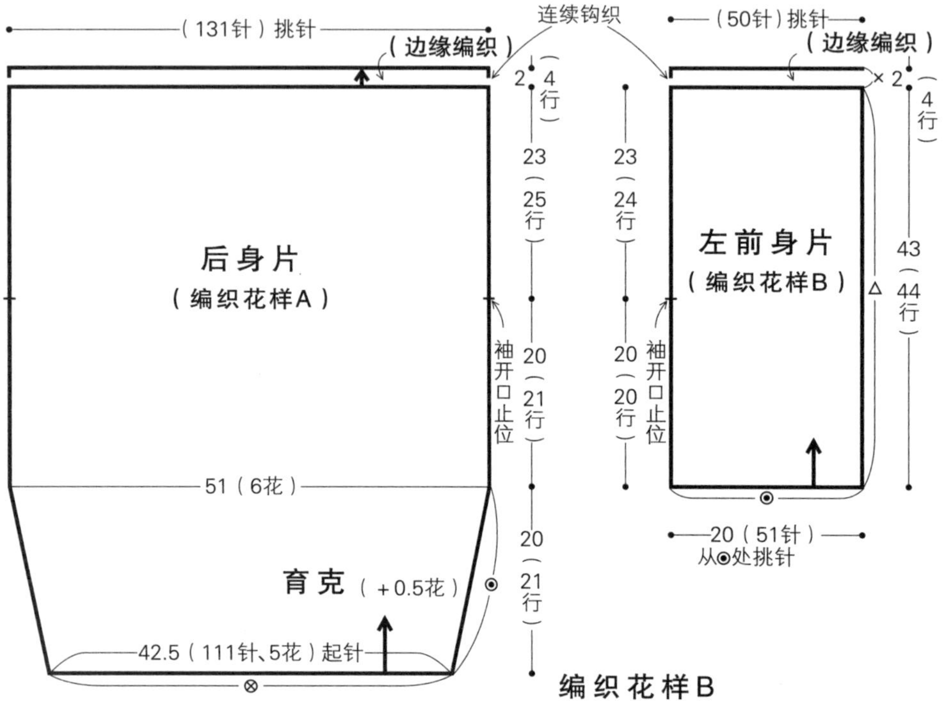

(131针)挑针
(边缘编织)
连续钩织
2 (4行)
后身片
(编织花样A)
23 (25行)
20 (21行)
袖开口止位
51（6花）
育克（+0.5花）
20 (21行)
42.5（111针、5花）起针

(50针)挑针
(边缘编织)
× 2 (4行)
23 (24行)
20 (20行)
左前身片
(编织花样B)
袖开口止位
43 (44行)
20（51针）
从◎处挑针

整体结构图 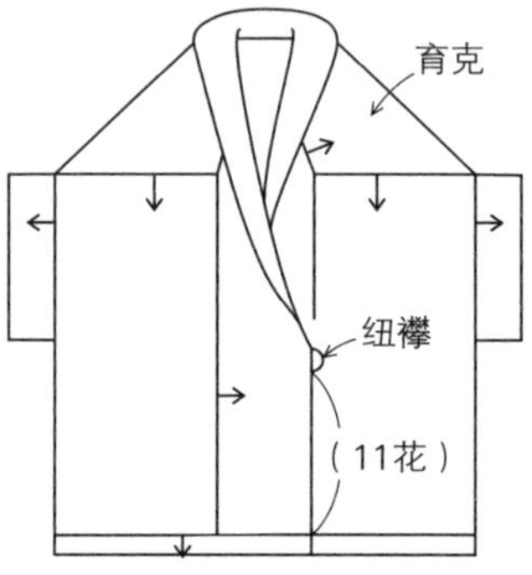
育克
纽襻
(11花)
※ 箭头为钩织方向

袖口
(编织花样B'')
6 (8行)
40 (100针)挑针

编织花样B 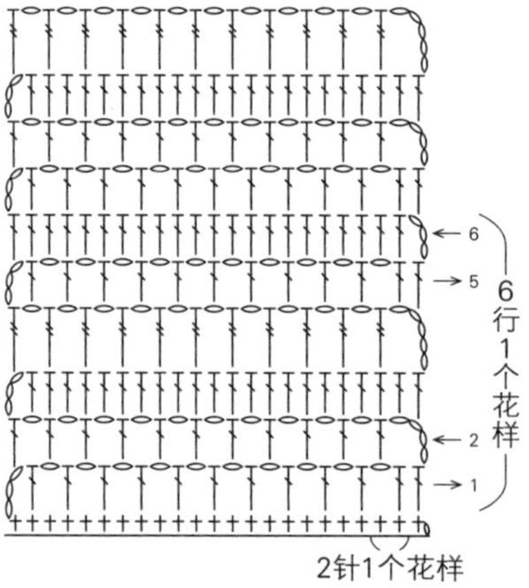
6行1个花样
2针1个花样

袖口
(编织花样B'')
4针1个花样

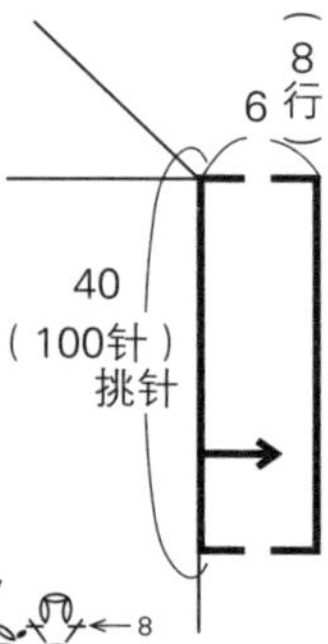

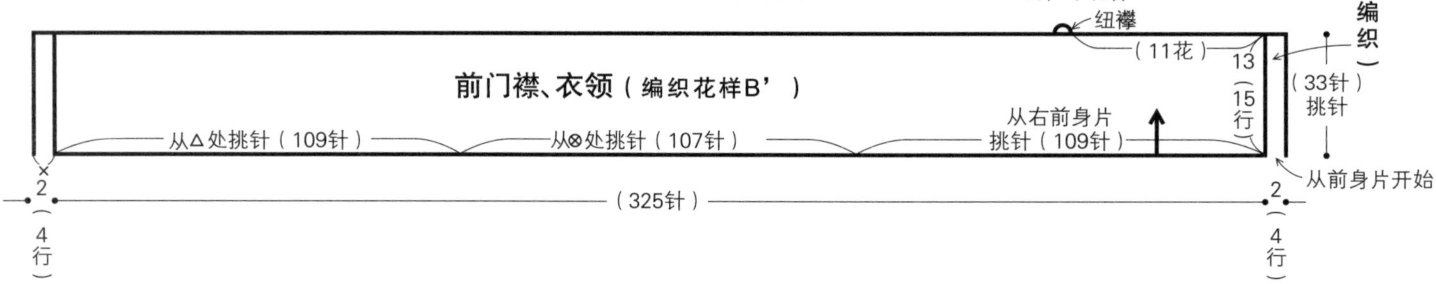

※ 全部使用4/0号钩针编织
※ ×处继续编织
※ 花 = 1个花样

前门襟、衣领（编织花样B'）
纽襻
(11花)
13 (15行)
(33针)挑针
(边缘编织)
从前身片开始
从△处挑针（109针）
从⊗处挑针（107针）
从右前身片挑针（109针）
2 (4行)
(325针)
2 (4行)

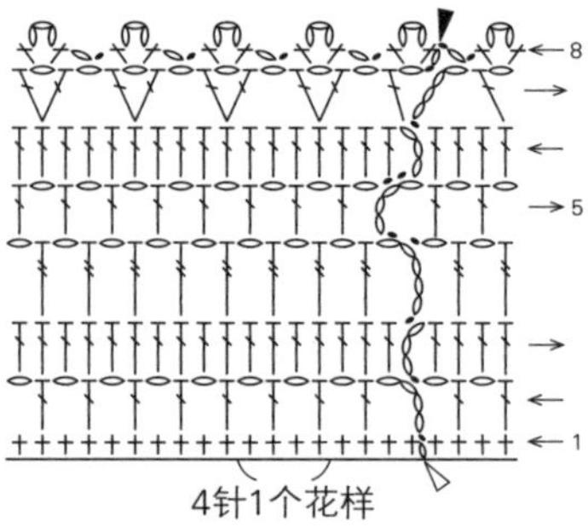

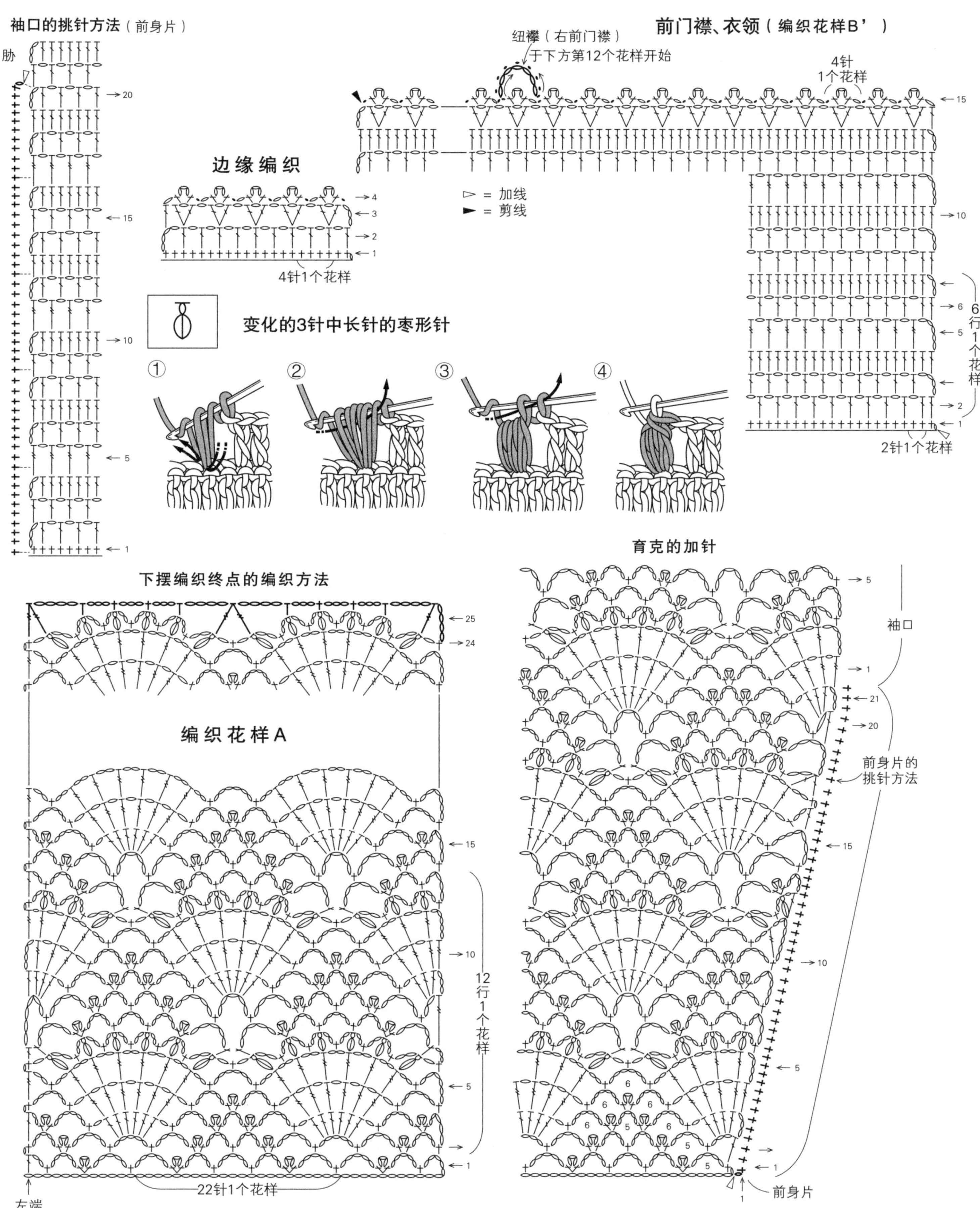

袖口的挑针方法（前身片）
胁
前门襟、衣领（编织花样B'）
纽襻（右前门襟）
于下方第12个花样开始
4针
1个花样
边缘编织
4针1个花样
▷ = 加线
▶ = 剪线
6行1个花样
2针1个花样
变化的3针中长针的枣形针
①
②
③
④
育克的加针
袖口
前身片的
挑针方法
下摆编织终点的编织方法
编织花样A
12行1个花样
22针1个花样
左端
前身片

●**材料** Ski Liliana（粗）朱红色系（1503）150g=6团

●**工具** 钩针7/0号

●**成品尺寸** 胸围96cm，衣长53.5cm，连肩袖长25cm

●**密度** 编织花样 1个花样6网格12cm、16行15.5cm

●**编织要点** 后身片从肩部开始钩织，挑取起针行的锁针的里山钩织编织花样，无加减针，花样第6行的短针，指定针目按照图解分开针目进行挑针，其他短针为整束挑针。前身片先参考图解钩织右侧8行后，休针待用，钩织完左侧的第8行，以25针锁针向右侧引拔后断线。从第9行起左右（肩）连在一起钩织。领窝止位至肩开口止位做卷针缝，胁部做引拔针和锁针的接合。下摆环形钩织边缘编织C以做调整，袖口编织边缘编织A，领口编织边缘编织B。

后身片 编织花样

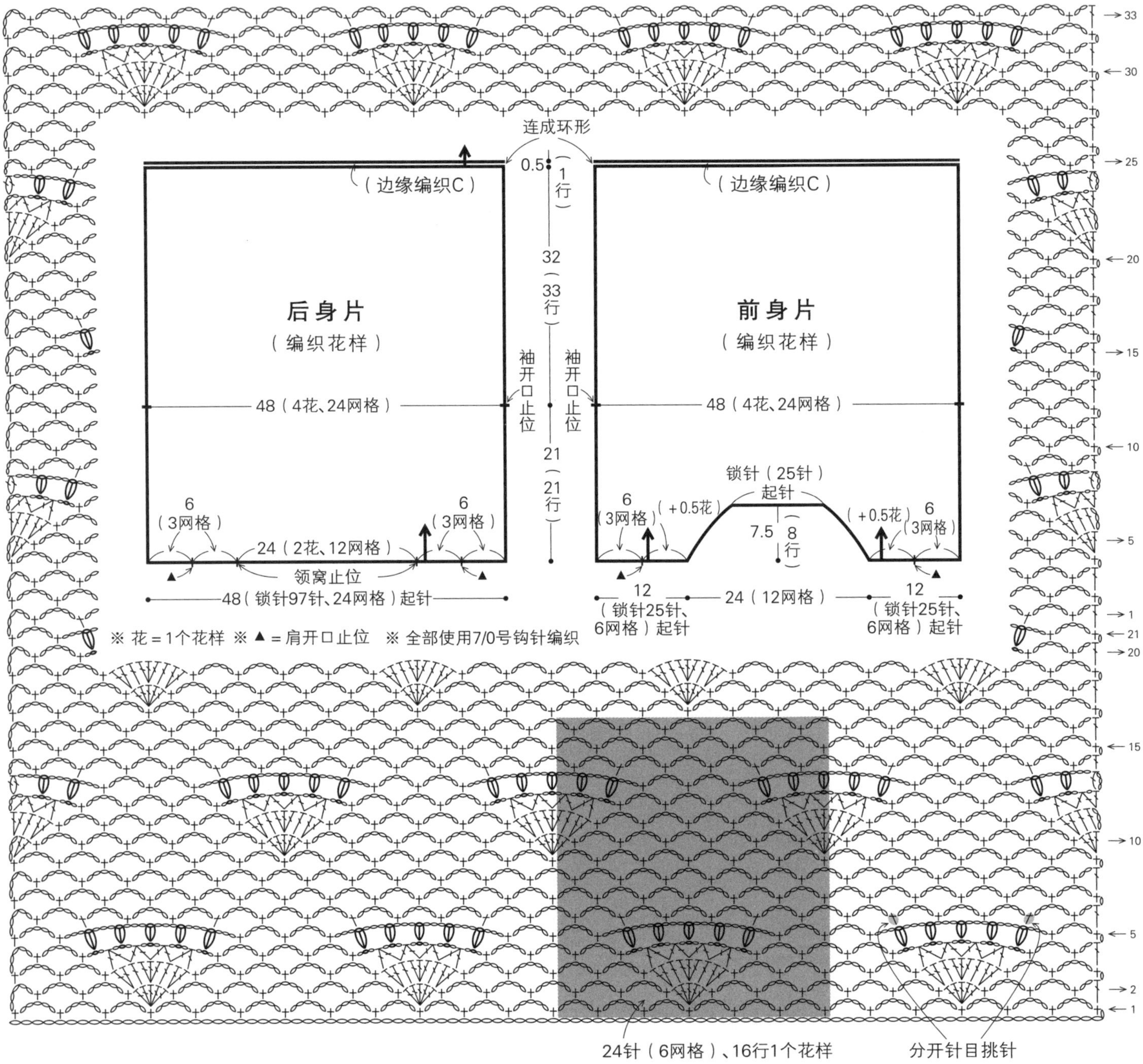

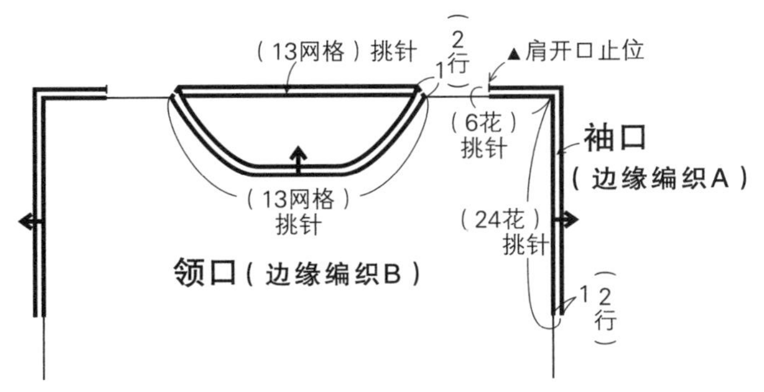

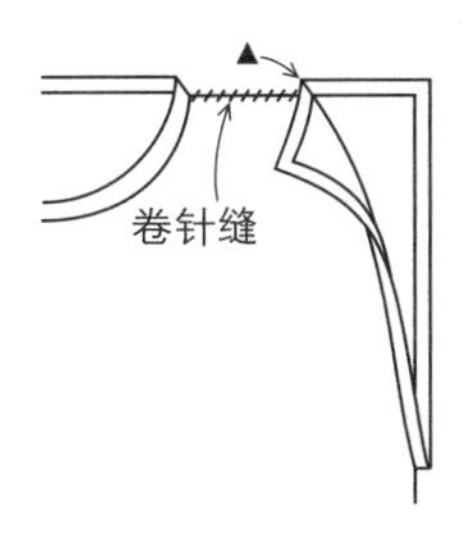

边缘编织C

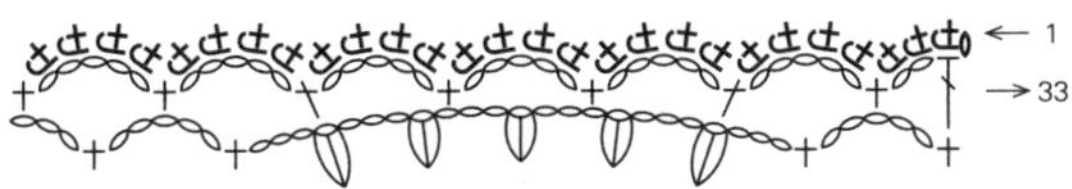

绕线短针

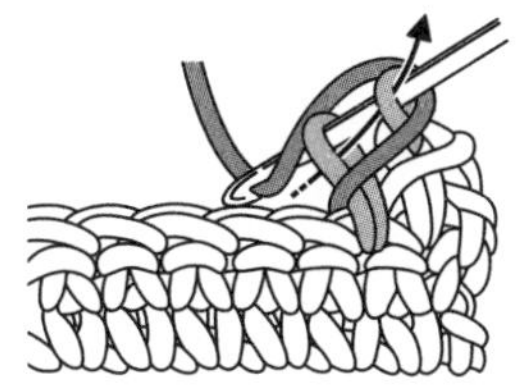

在短针最后一次挂线拉出前，将线从前向后绕一圈，再完成短针钩织。

钩织5针长针的爆米花针时，分开上一行的锁针进行挑针

5针长针的爆米花针

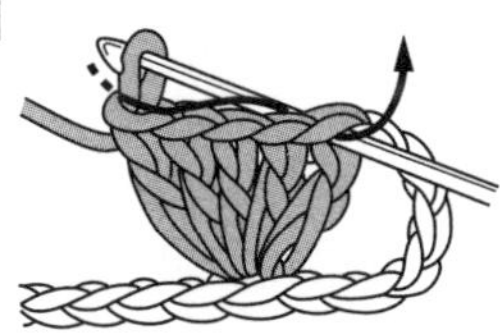

从1针中钩织5针长针，将钩针取出，然后从第1针长针的头部插入，再穿入线圈

引拔线圈，再钩1针锁针

边缘编织A（袖口）

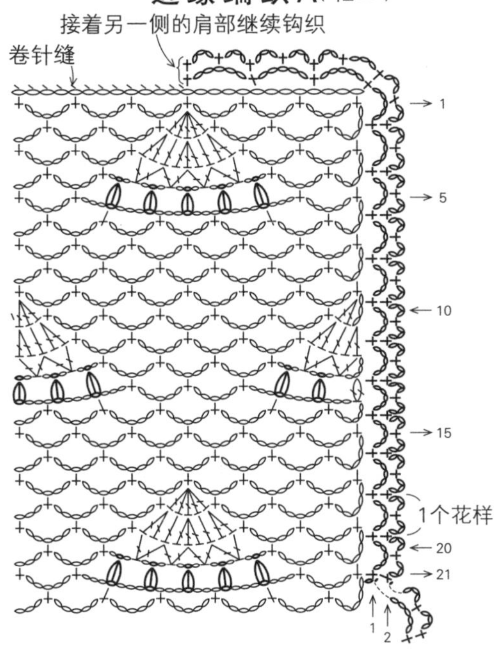

前身片

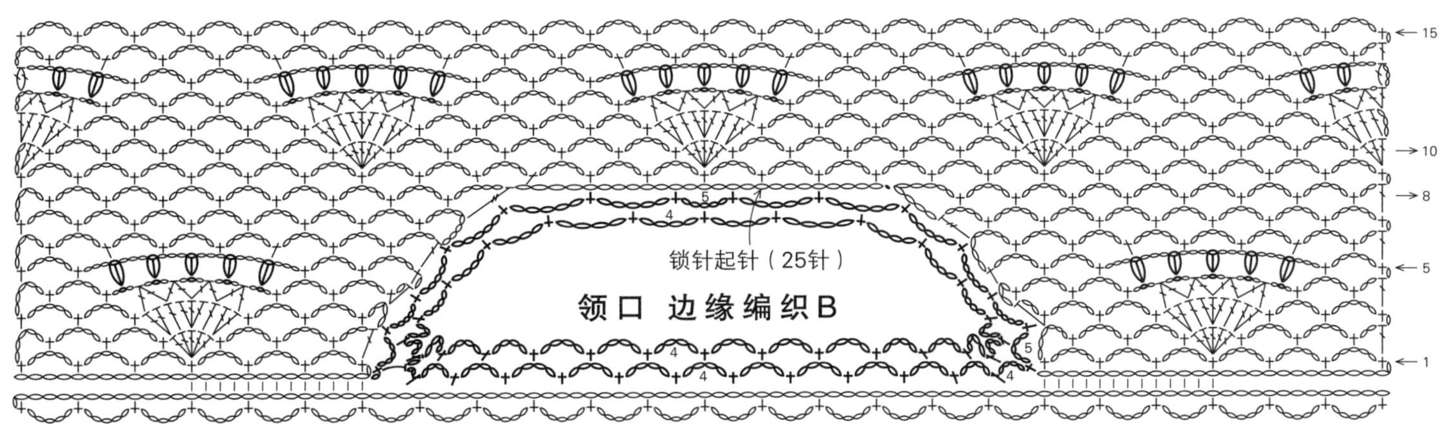

04

6页

●**材料** Ski Cotton Linen~夏衣~（中细）绿松石色（1055）170g=6团

●**工具** 钩针4/0号

●**成品尺寸** 胸围92cm，肩宽42cm，衣长53.5cm

●**密度** 10cmx10cm的面积内：编织花样23针、9行

●**编织要点** 身片从下摆处开始编织，锁针起针，第1行从锁针的里山挑针钩织编织花样。花样第1行的短针与第3行的长针是分开上一行的锁针进行挑针的。后身片钩织好后休针待用。前身片的肩部与后身片的肩部在钩织3针长针的放针时进行连接。方法是：在钩织前身片的长针之前，将钩针取出，从后身片的长针头部入针，将针目拉出再钩织长针。边端分别用3针锁针进行连接。下摆处钩织边缘编织A，胁部挑针缝合。领口环形钩织边缘编织B，注意锁针的针数有变化，钩织短针时分开锁针进行挑针。袖口钩织边缘编织B进行调整。

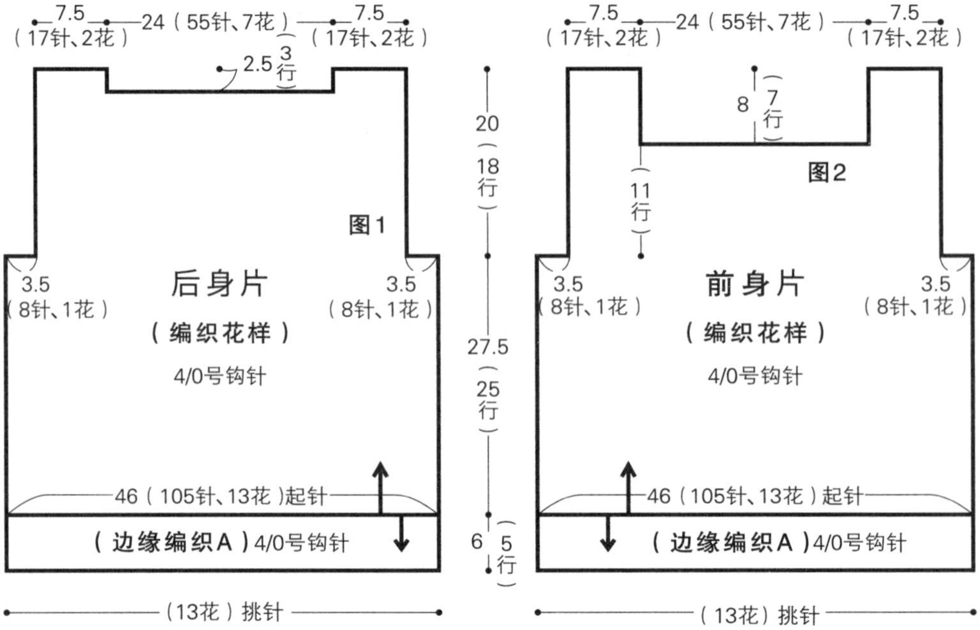

编织花样

领口（边缘编织B）4/0号钩针

袖口（边缘编织B）

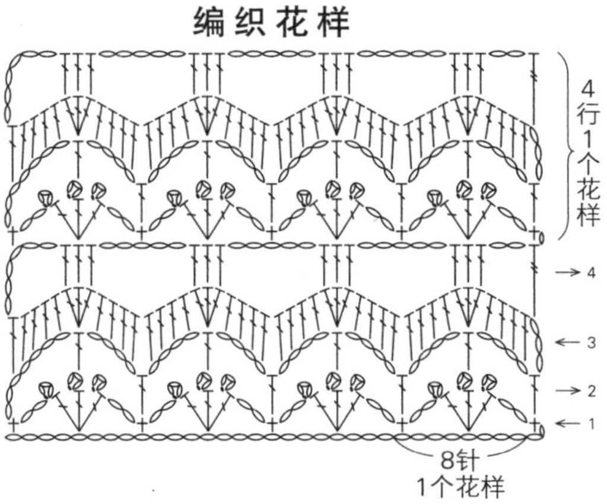

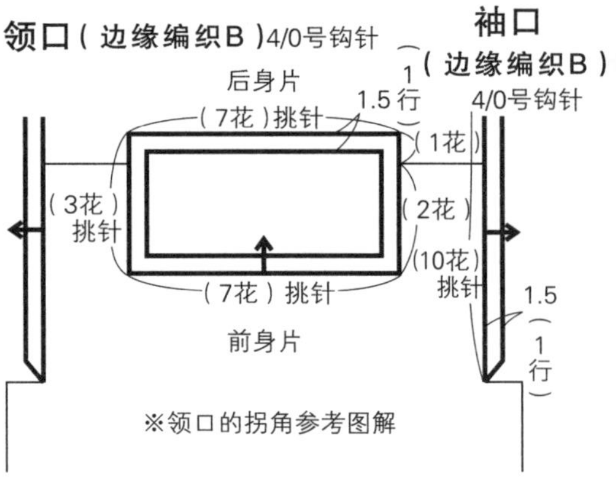

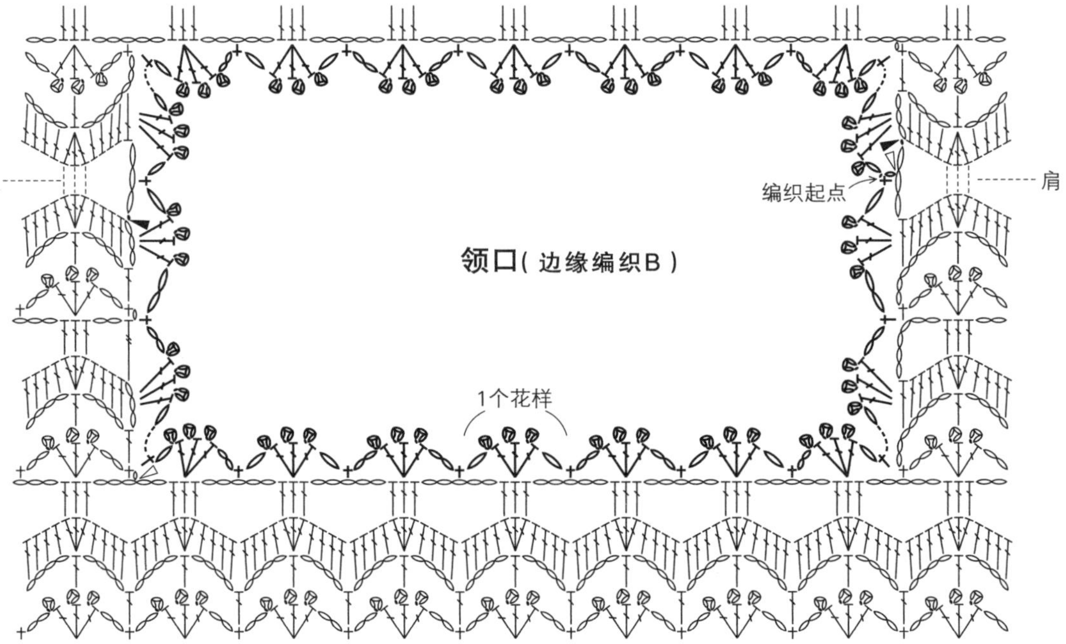

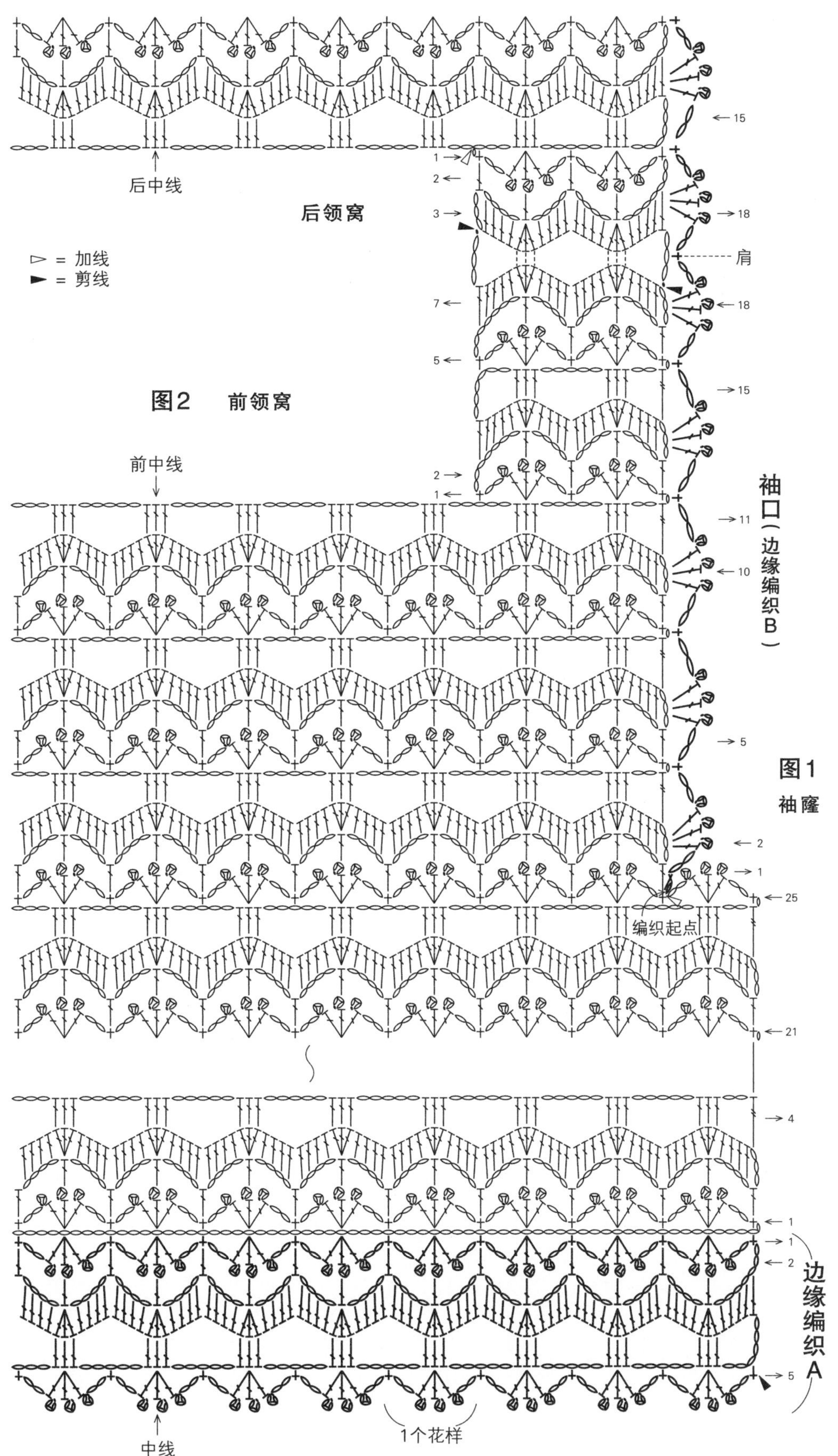
后中线
后领窝
▷ = 加线
► = 剪线
图2 前领窝
前中线
肩
袖口（边缘编织B）
图1
袖窿
编织起点
边缘编织A
中线
1个花样
15
18
18
15
11
10
5
2
1
25
21
4
1
1
2
5
1
2
3
7
5
2
1

05

7页

●材料 Ski Cotton Linen~夏衣~（中细）紫红色（1057）290g=10团

●工具 钩针5/0号

●成品尺寸 胸围100cm，衣长54cm，连肩袖长49.5cm

●密度 10cm x 10cm 面积内：编织花样24针、8行

●编织要点 后身片从肩部开始钩织，锁针起针，全部钩织编织花样，无加减针。身片的狗牙拉针为2针锁针的小狗牙，最后一行不钩织狗牙拉针。前身片钩织左肩部7行后休针待用，钩织右肩部7行后接着钩织46针锁针，与左肩部引拔相接然后断线。从休针的左肩部开始连着右侧整片钩织。前、后肩部引拔接合，胁部至袖连接止位做引拔针和锁针的接合。下摆环形钩织边缘编织A，领口钩织边缘编织C。袖子从身片挑针环形钩织编织花样，注意变换每行的钩织方向，袖口钩织边缘编织B并进行减针。边缘编织A、B、C均钩织3针锁针的狗牙拉针。

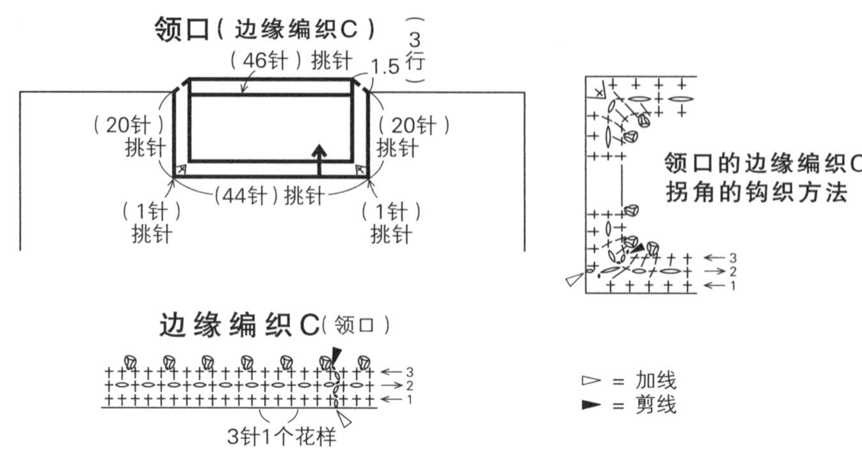

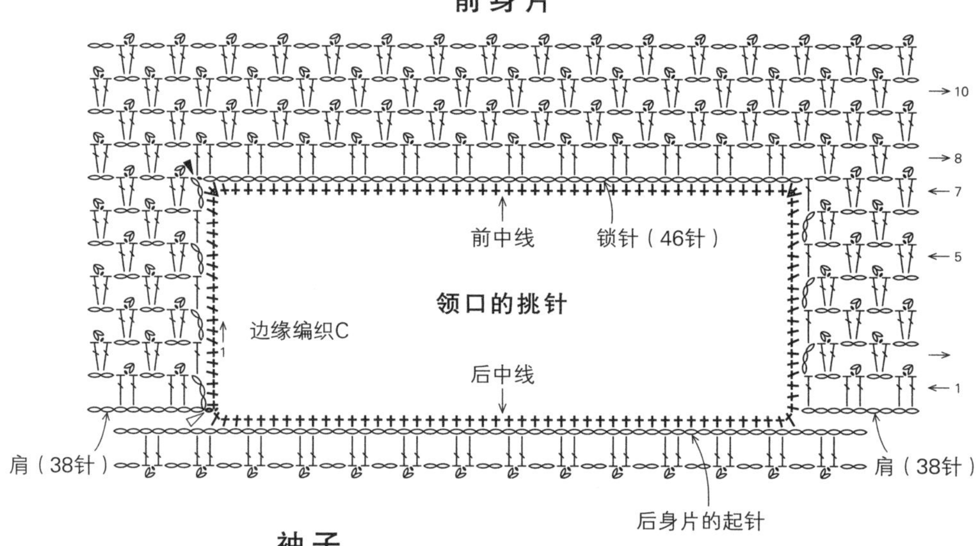

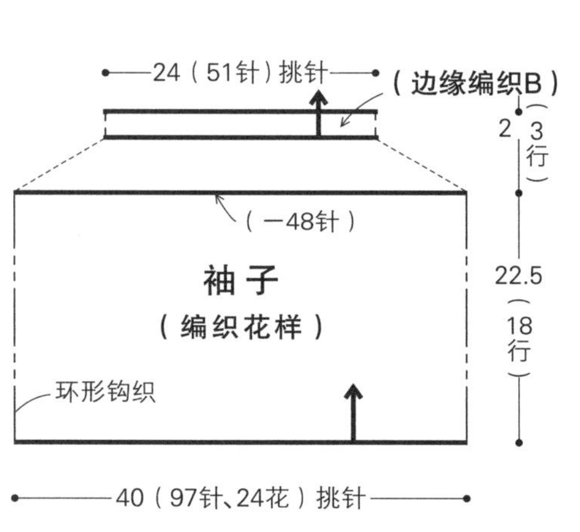

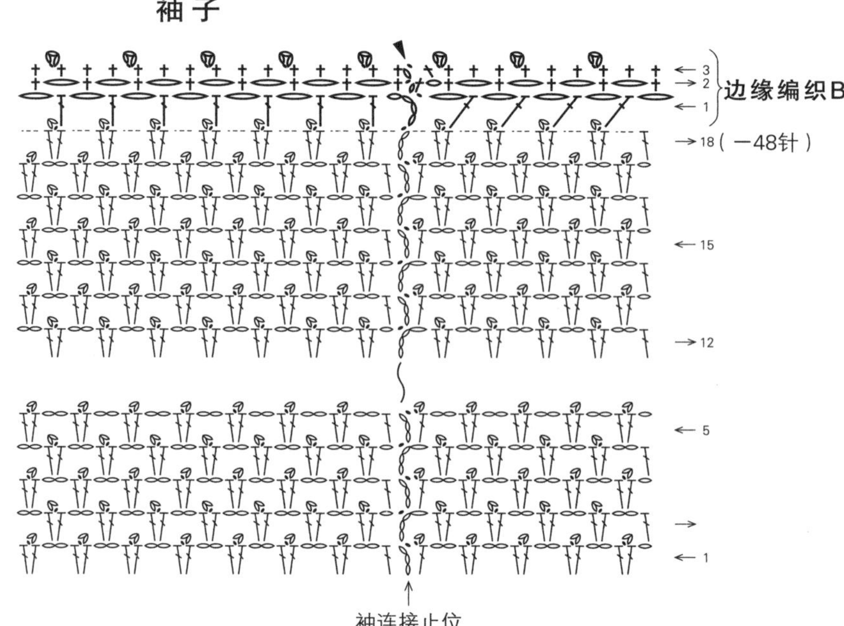

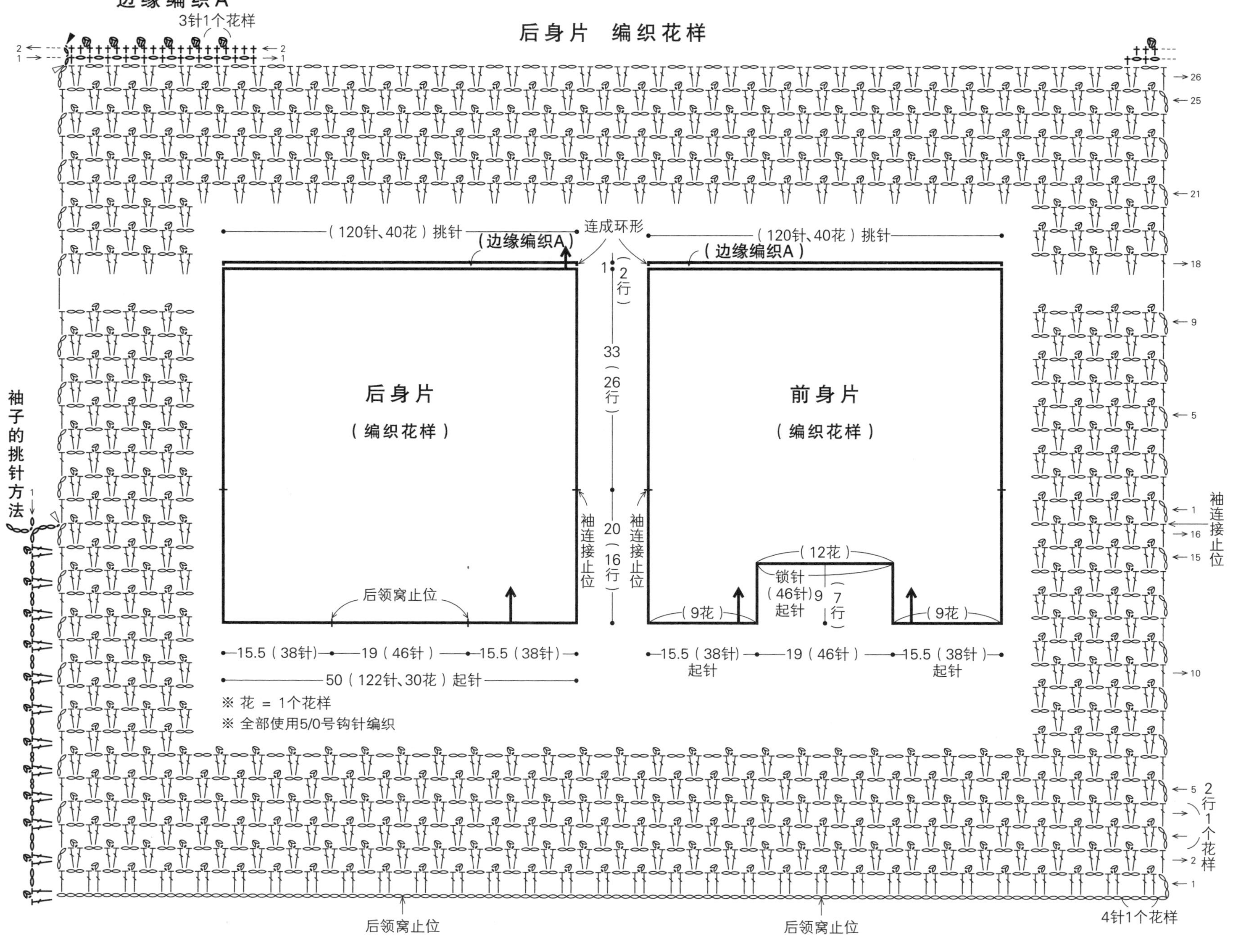
边缘编织A
3针1个花样
后身片　编织花样
（120针、40花）挑针
（边缘编织A）
连成环形
后身片
（编织花样）
前身片
（编织花样）
1（2行）
33（26行）
20（16行）
袖连接止位
后领窝止位
（12花）
锁针（46针）起针
9（7行）
（9花）
15.5（38针）
19（46针）
15.5（38针）
50（122针、30花）起针
15.5（38针）起针
※ 花 = 1个花样
※ 全部使用5/0号钩针编织
袖子的挑针方法
2行1个花样
4针1个花样

●材料　Ski Vega（粗）Smoky Pastel（1112）195g=8团，直径1.3cm的纽扣2颗

●工具　钩针4/0号，棒针3号

●成品尺寸　胸围101cm，肩宽38cm，衣长57cm，袖长33.5cm

●密度　10cmx10cm面积内：编织花样A 21针、11行

●编织要点　身片松松地锁针起针，从锁针的里山挑针开始钩织。接下来依序进行编织花样A、B、C的钩织，在花样中间通过减少锁针的针数实现分散减针，形成轮廓。袖窿、领窝参考图解钩织。袖子依编织花样A钩织。前、后肩部引拔接合，胁和袖下做コ形缝。领口、前门襟分别进行边缘编织。右前门襟的扣眼为挑针时编织挂针形成，最后的伏针收针使用4/0号钩针，与身片保持同等密度松松地收针。袖子与身片引拔接合。

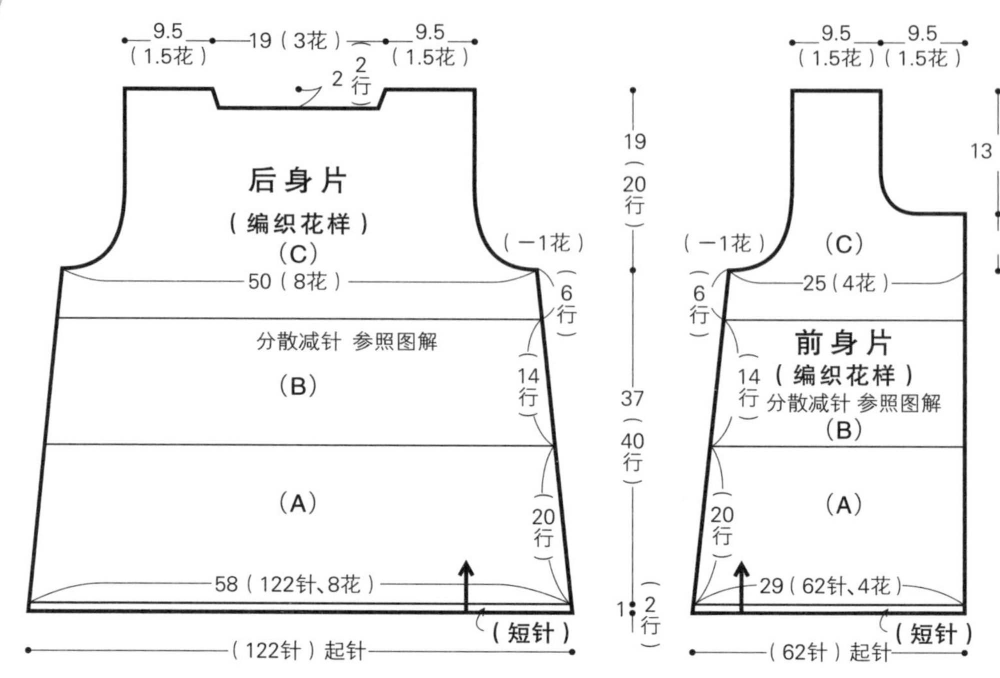

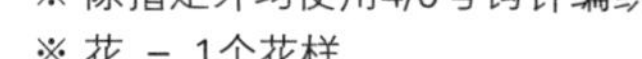

※ 除指定外均使用4/0号钩针编织

※ 花 ＝ 1个花样

领口的挑针

后中线

后领窝

袖窿

领口、前门襟（边缘编织）3号棒针　4/0号钩针

（38针）挑针　1（3行）

（35针）挑针

（3针）

（7针）

（1针）扣眼

（97针）挑针

（85针）

1（3行）

边缘编织

4/0号钩针

扣眼（右前门襟）

4/0号钩针

（3针）（1针）（7针）（1针）（85针）

※ 挑针时编织挂针

（1花）
（-2花）
12.5（14行）
36（5花）
袖子
（编织花样A）
20（22行）
36（76针、5花）
1（2行）
（短针）
（76针）起针
袖山
中线
前领窝
领口的挑针
袖窿
▻ = 加线
◄ = 剪线

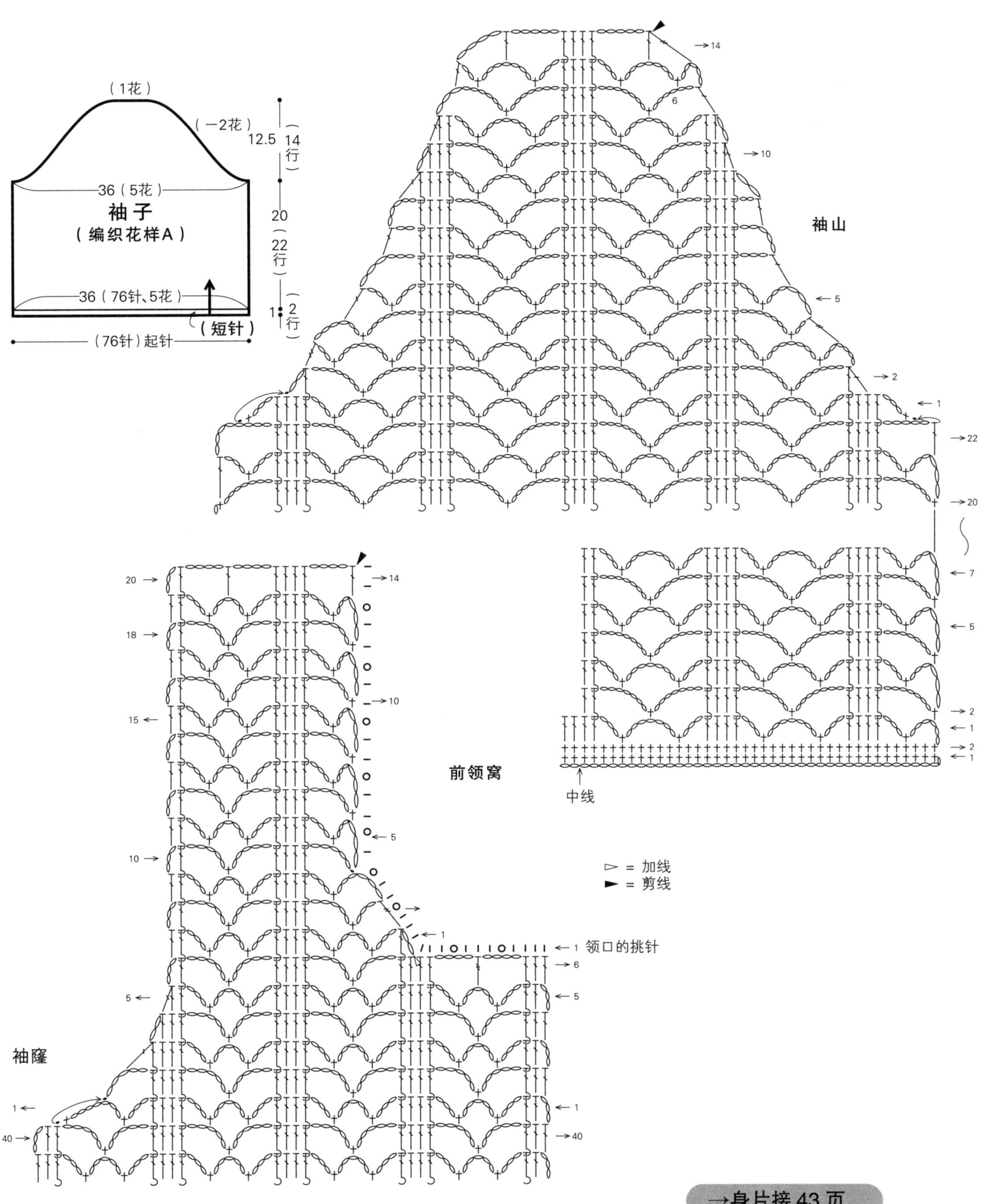

→身片接43页

18

23页

●**材料** Ski Cotton Brill Colorful（中细）黄色+浅绿色（102）150g=6团

●**工具** 钩针4/0号

●**成品尺寸** 衣长53cm，连肩袖长35cm

●**密度** 编织花样 1个花样8cm x 4.3cm

●**编织要点** 从边缘编织A开始钩织，4针锁针之后，从第1针锁针的里山挑针钩织1针放2针长针。编织花样第1行的短针，从边缘编织A的第1针锁针的里山挑针。下一行的莲花处，整束挑起锁针钩织。编织花样无加减针钩织，最后钩织边缘编织A'时，整束挑起上一行的锁针环钩织引拔针，1针放2针长针从引拔针处挑针钩织。记号相同的地方为边缘编织A'重叠在外侧，从反面进行短针和锁针的接合。袖口环形钩织边缘编织B，1针放2针长针从短针的头部挑针钩织。

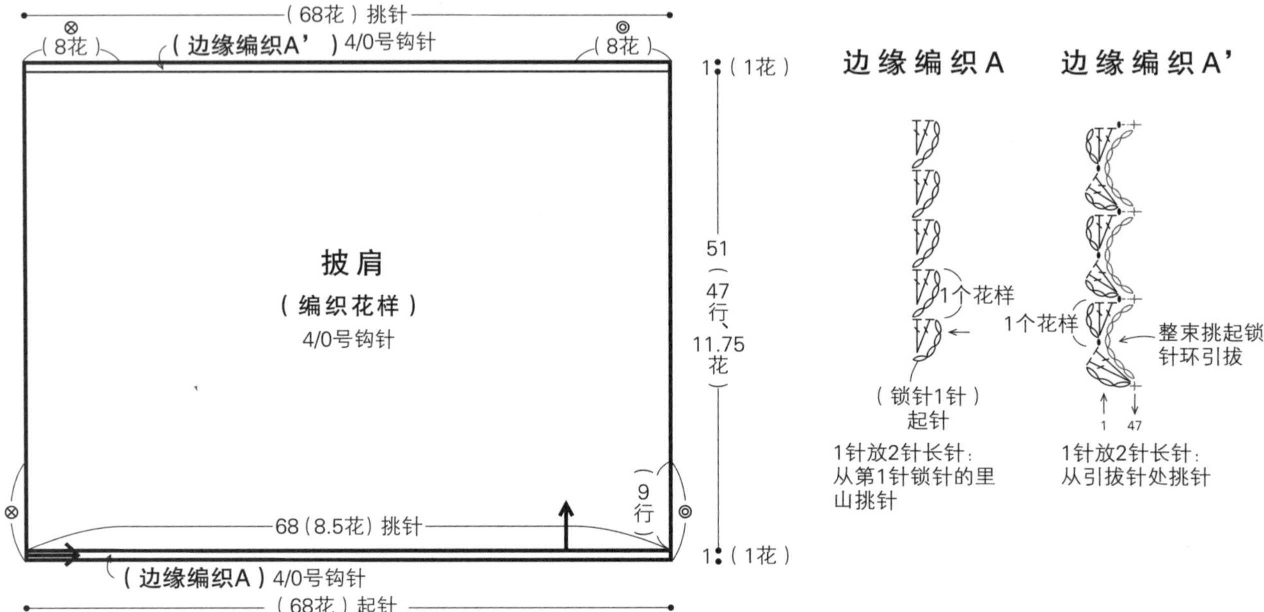

※ 花 = 1个花样

※ 相同记号的 ◎、⊗ 处分别缝合

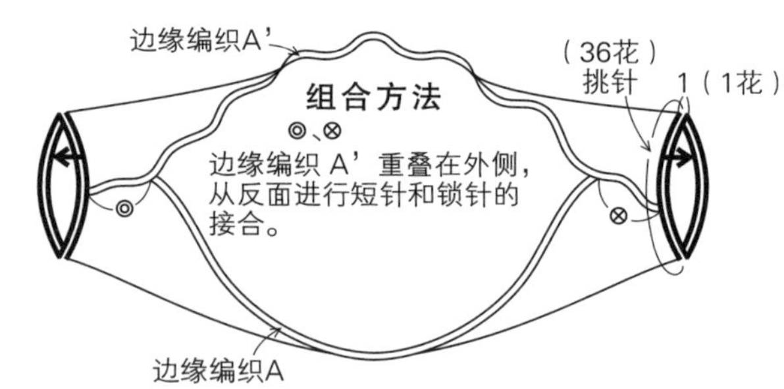

○ = 接合时编织短针的位置
短针和锁针的接合
▷ = 加线
► = 剪线
边缘编织A'
1个花样
边缘编织B
1个花样
边缘编织B
47
45
40
编织花样
1个花样
4行1个花样
5
1
编织起点
1个花样
边缘编织A

08

10页

●**材料** Ski Leaf（中细）灰粉色（1202）195g=8团

●**工具** 钩针4/0号、3/0号

●**成品尺寸** 胸围95cm，衣长50.5cm，连肩袖长49.5cm

●**大花片** 9.5cm x 9.5cm

●**编织要点** 全部花片为边钩边连。花片中心钩织6针锁针引拔成环，第1行钩织短针和锁针，钩织4行形成正方形花片。钩织第2片花片时与前一片花片引拔相连。此衣由68片花片组成。下摆为边缘编织A（4/0号钩针），袖口为边缘编织A'（3/0号钩针），分别进行环形钩织。领口钩织边缘编织A'。

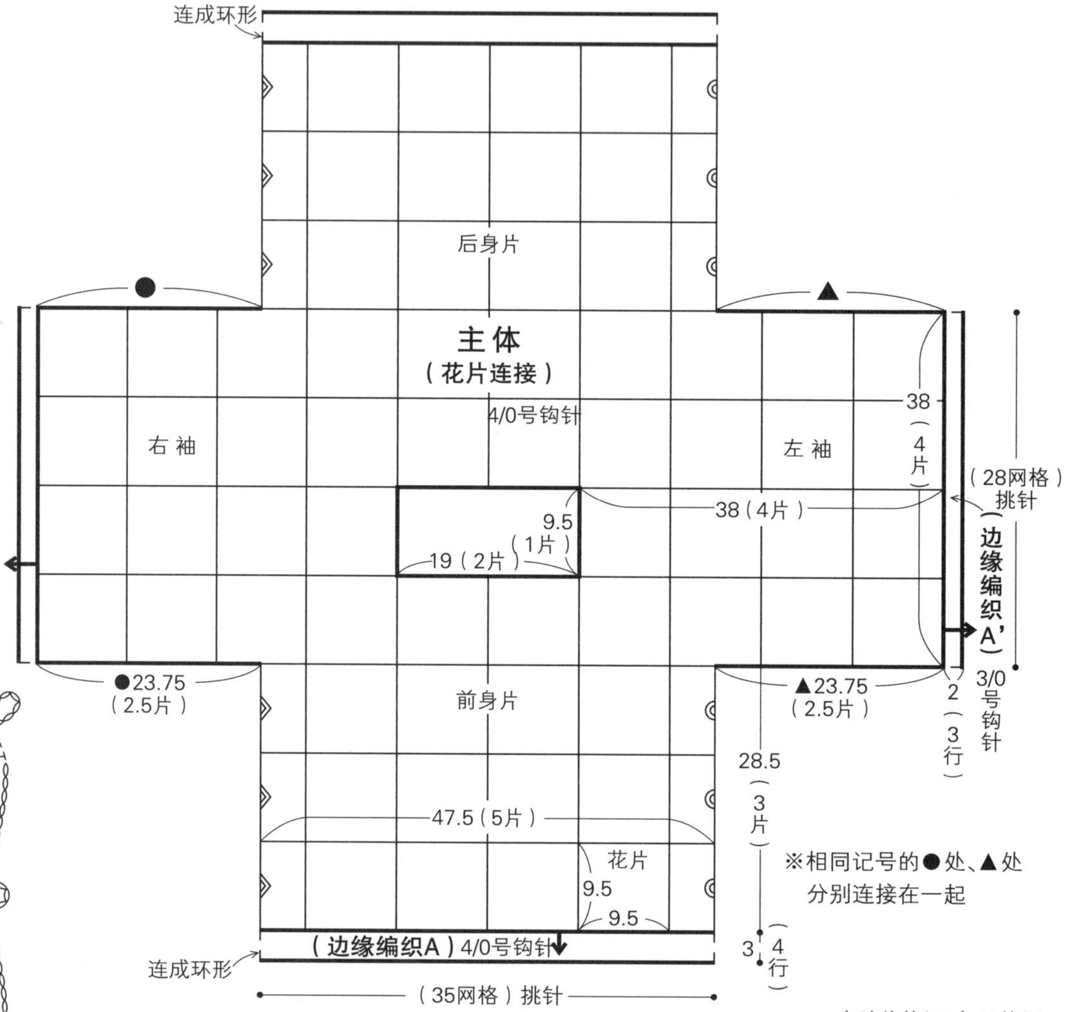

领口（边缘编织A'）3/0号钩针

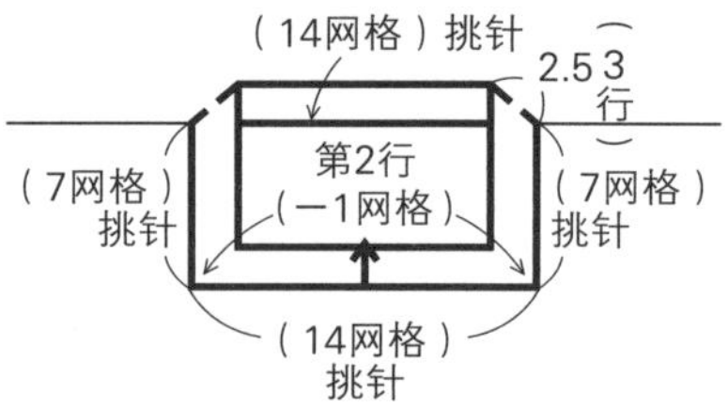

（14网格）挑针
2.5（3行）
第2行（－1网格）
（7网格）挑针
（7网格）挑针
（14网格）挑针

主体（花片连接）4/0号钩针

连成环形
后身片
右袖
左袖
前身片
38（4片）
38（4片）
9.5（1片）
19（2片）
（28网格）挑针
边缘编织A'
3/0号钩针
2（3行）
●23.75（2.5片）
▲23.75（2.5片）
28.5（3片）
47.5（5片）
花片
9.5
9.5
（边缘编织A）4/0号钩针
连成环形
3（4行）
（35网格）挑针

※相同记号的●处、▲处分别连接在一起

花片（68片）

8针
6针
6针
1
2
3
4

= 1网格

边缘编织A 4/0号钩针（下摆）

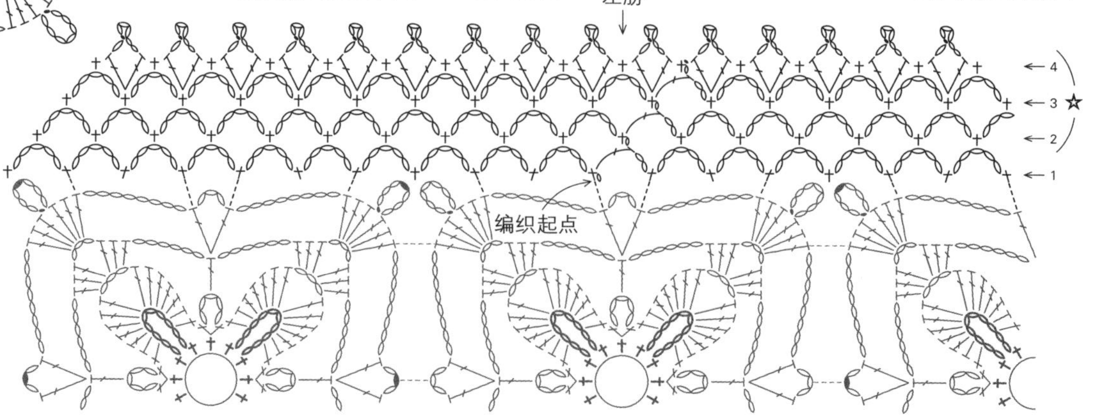

左胁
编织起点
1
2
3☆
4

☆边缘编织A'只钩织3行（3/0号钩针）

后身片

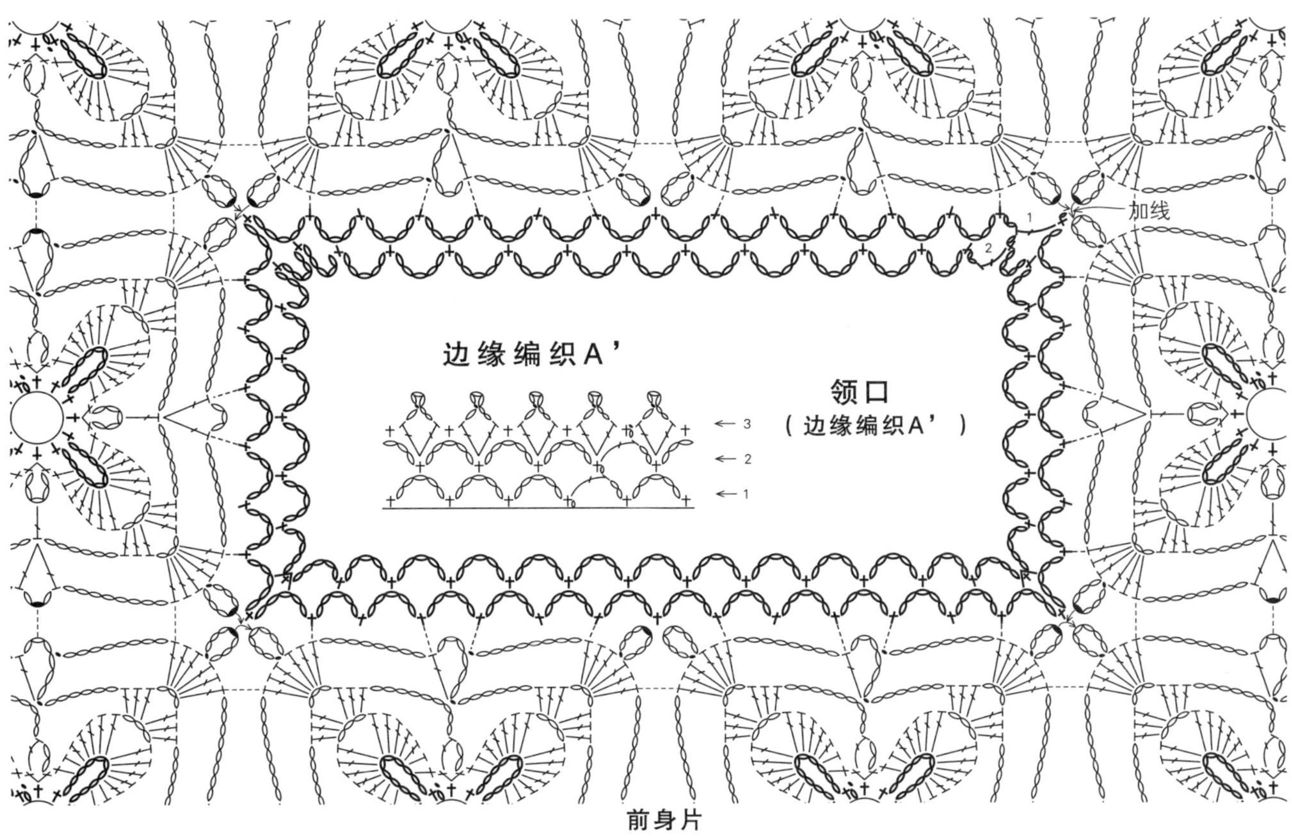

前身片

花片的连接方式

☆＝钩织第6针长针时进行连接，将钩针插入连接处长针的头部，拉出线钩8针锁针。
★＝钩织长针前进行连接，将钩针插入连接处长针的头部，拉出线钩长针。

09

12页

●**材料** Ski Sofia（中细）原色（215）190g=7团，直径1.6cm 的纽扣1颗

●**工具** 钩针4/0号、3/0号

●**成品尺寸** 胸围96cm，肩宽38.5cm，衣长55cm

●**密度** 编织花样1个花样6cm x 13.5cm

●**编织要点** 下摆处做织入长针的锁针起针，两端的长针改成中长针。第1行整束挑起长针（中长针）钩织1针放2针长针或扇形花样。袖窿参照图1，后开口和后领窝见图2，前领窝见图3。前、后肩部钩织引拔针和锁针的接合，胁部进行引拔针和锁针的接合。下摆环形钩织边缘编织A。领口钩织边缘编织B，后开口处继续钩织短针，最后钩织纽襻。袖口钩织边缘编织B。

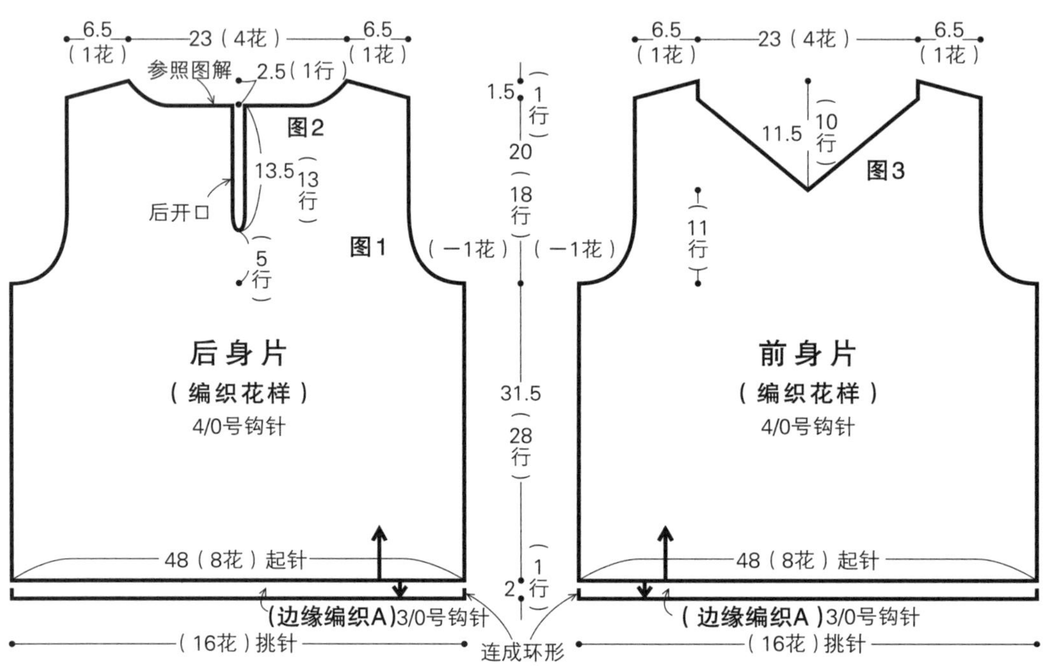

※ 花 ＝ 1个花样

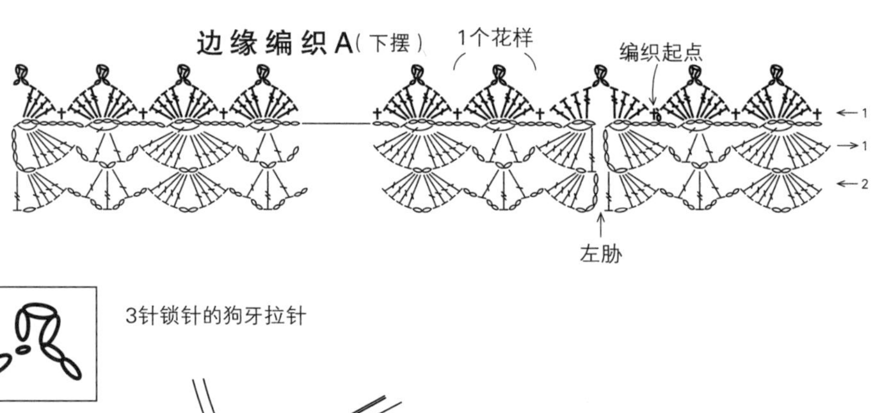

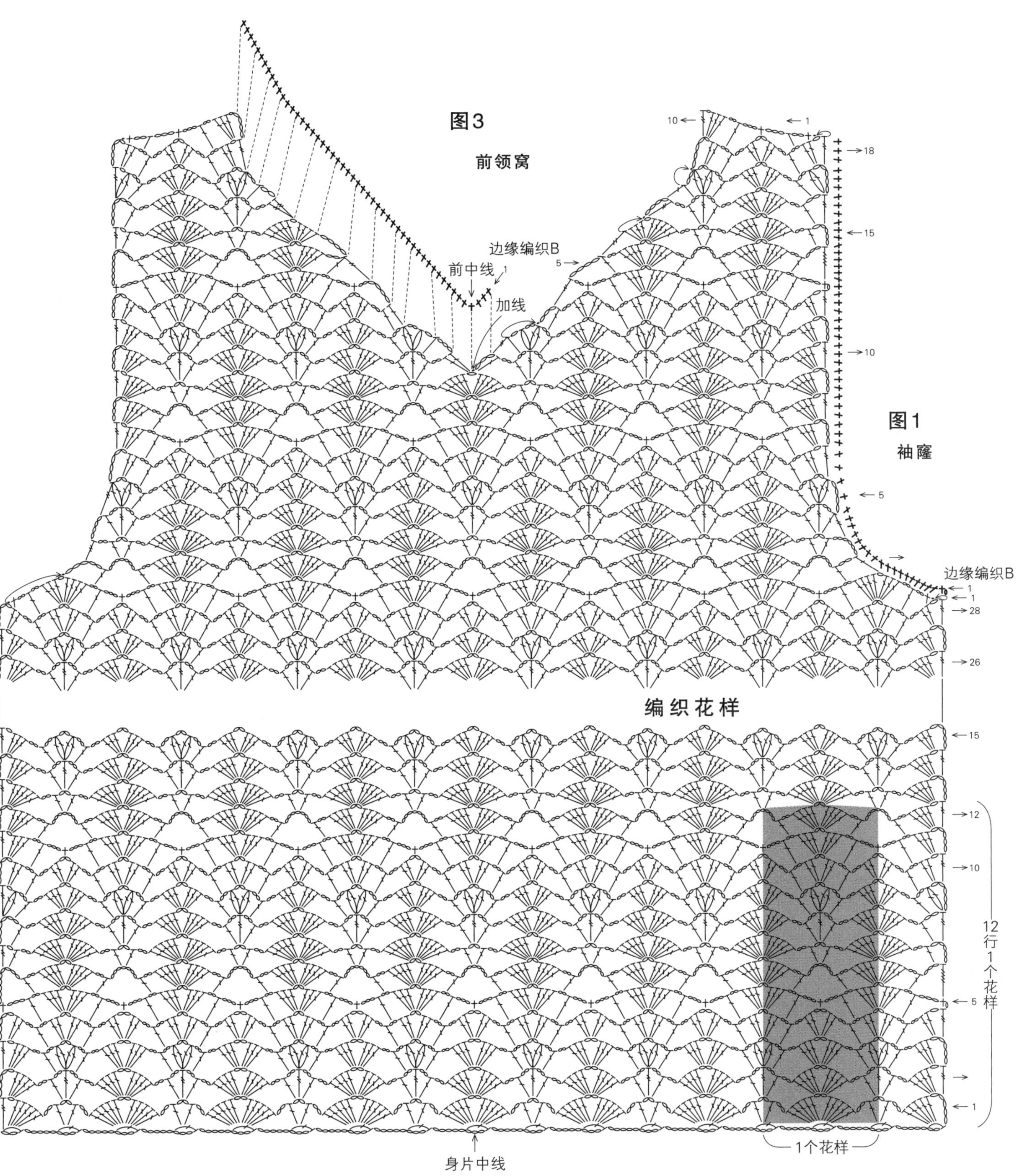
图3
前领窝
边缘编织B
前中线
加线
图1
袖窿
边缘编织B
编织花样
12行1个花样
1个花样
身片中线

后开口、后领窝　图2

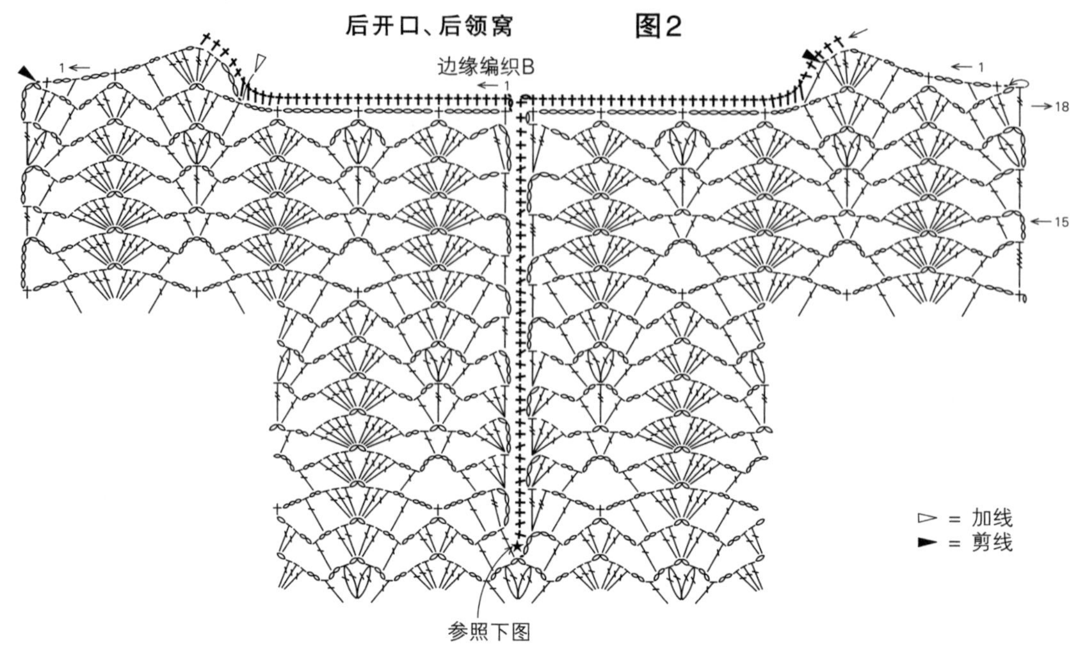

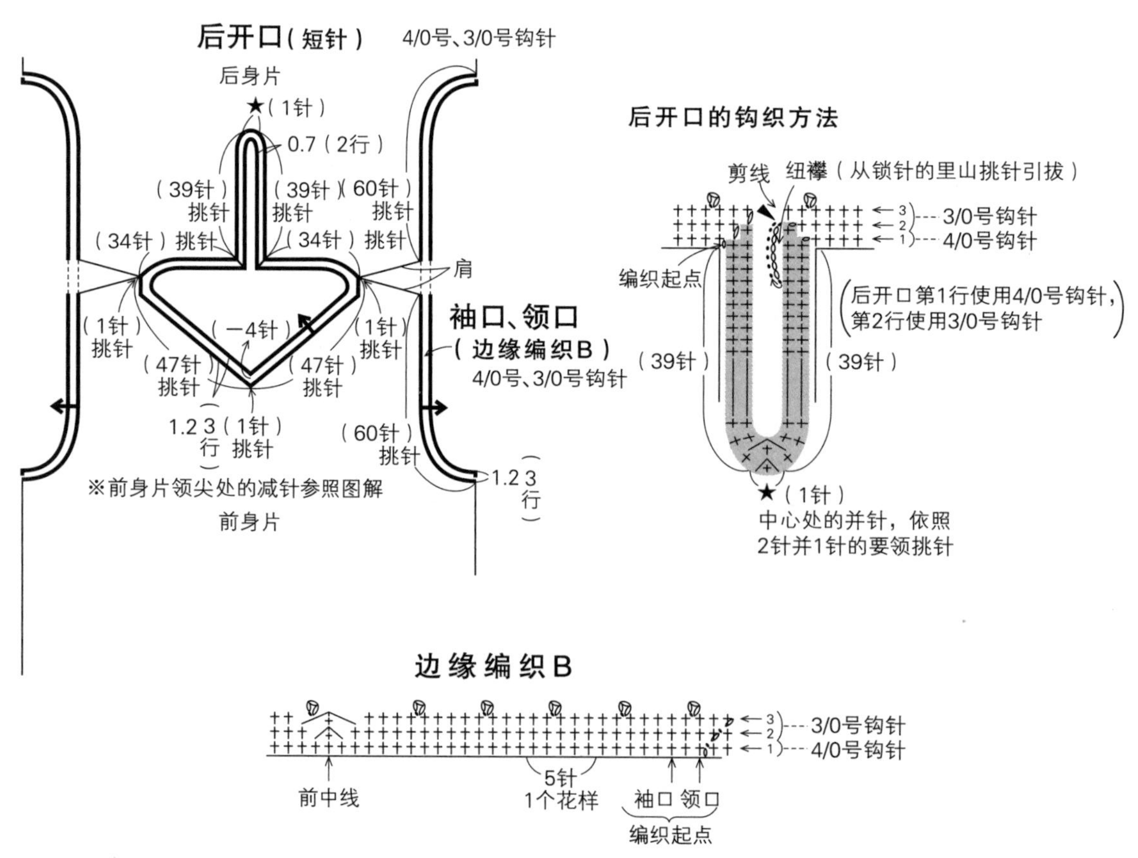

边缘编织B

11

14页

●**材料** Ski Linen Silk（中细）浅紫红色（1416）180g=8团
●**工具** 钩针5/0号
●**成品尺寸** 衣长40cm
●**密度** 10cm内编织花样8.5行
●**编织要点** 中心144针锁针起针后，连成环形，参照图解钩织出8个花样的菠萝花。注意菠萝花两侧的锁针的数量变化，长针的挑针方法有整束挑起或分开针目挑起。最后一行钩织3针锁针的狗牙拉针。领口环形钩织边缘编织，袖下在指定位置前后缝合。

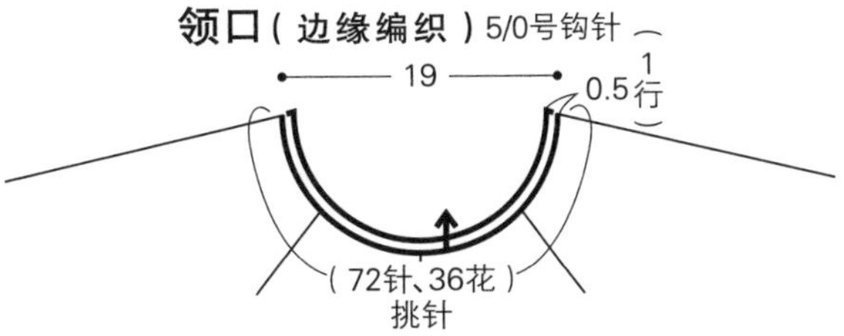

领口（边缘编织）5/0号钩针

19
0.5 1行
（72针、36花）挑针

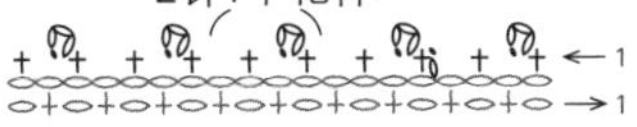

边缘编织（领口）
2针1个花样
※ 短针为整束挑针钩织的

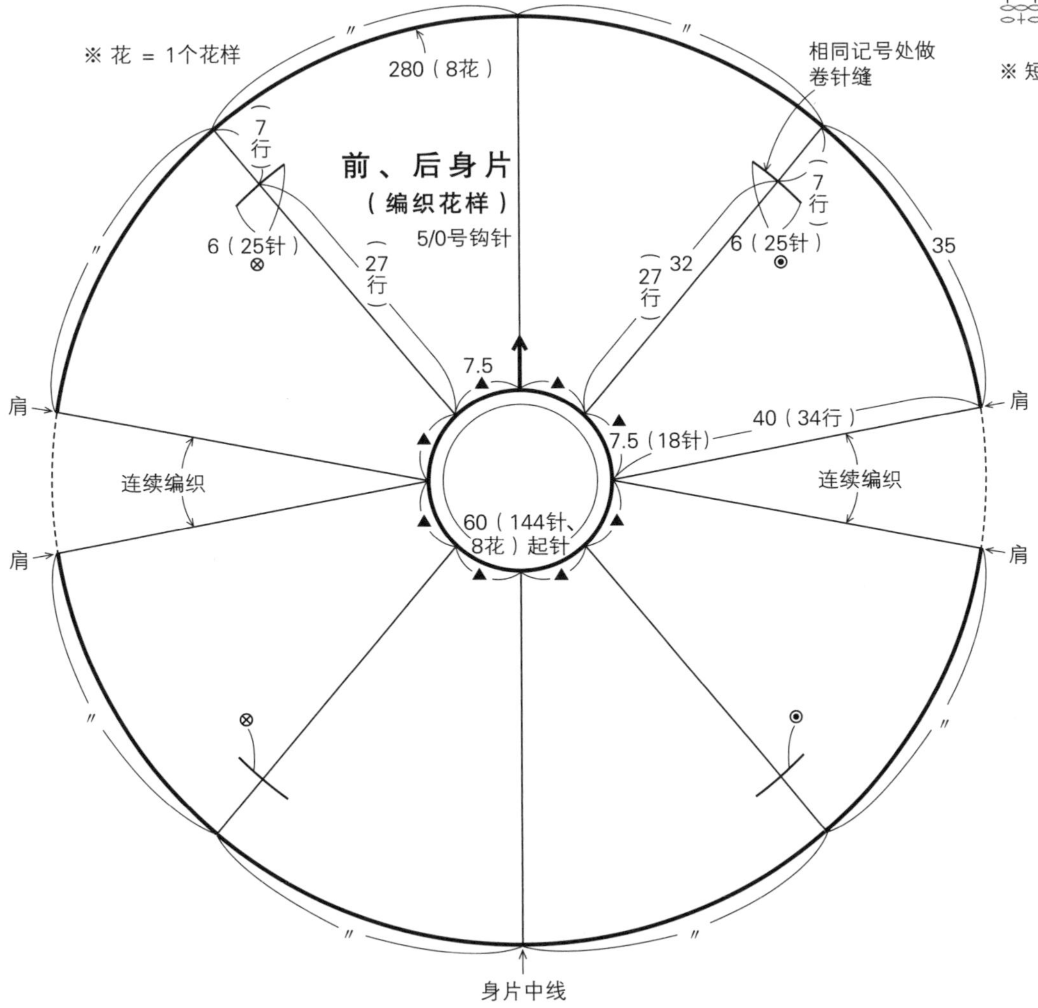

前、后身片
（编织花样）
5/0号钩针

※ 花 = 1个花样
280（8花）
7行
6（25针）
27行
32
35
相同记号处做卷针缝
7.5
7.5（18针）
40（34行）
60（144针、8花）起针
肩
连续编织
身片中线

◆作品31 接110页

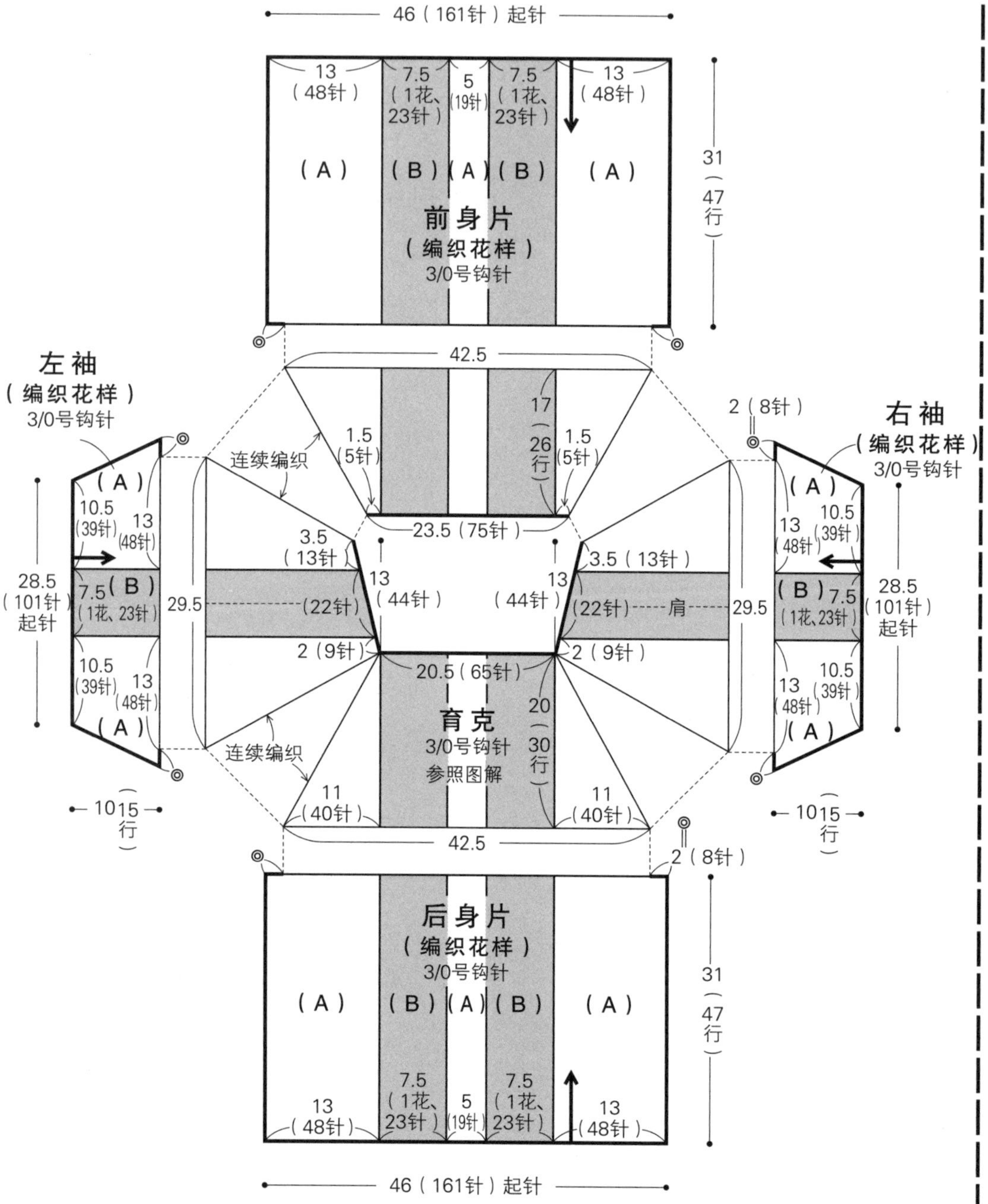

46（161针）起针

13（48针） | 7.5（1花、23针） | 5（19针） | 7.5（1花、23针） | 13（48针）

（A）（B）（A）（B）（A）

前身片
（编织花样）
3/0号钩针

31（47行）

左袖
（编织花样）
3/0号钩针

（A）
10.5（39针）
13（48针）
7.5（B）（1花、23针）
10.5（39针）
13（48针）
（A）
28.5（101针）起针
10（15行）

右袖
（编织花样）
3/0号钩针

2（8针）
（A）
13（48针）
10.5（39针）
（B）7.5（1花、23针）
13（48针）
10.5（39针）
（A）
28.5（101针）起针
10（15行）

42.5
17（26行）
1.5（5针）
1.5（5针）
连续编织
23.5（75针）
3.5（13针）
3.5（13针）
29.5
（22针）
13（44针）
13（44针）
（22针）
肩
29.5
2（9针）
2（9针）
20.5（65针）

育克
3/0号钩针
参照图解

20（30行）
连续编织
11（40针）
11（40针）
42.5
2（8针）

后身片
（编织花样）
3/0号钩针

（A）（B）（A）（B）（A）

31（47行）

13（48针） | 7.5（1花、23针） | 5（19针） | 7.5（1花、23针） | 13（48针）

46（161针）起针

※ 花 = 1个花样
※ 相同记号的◎处做卷针缝

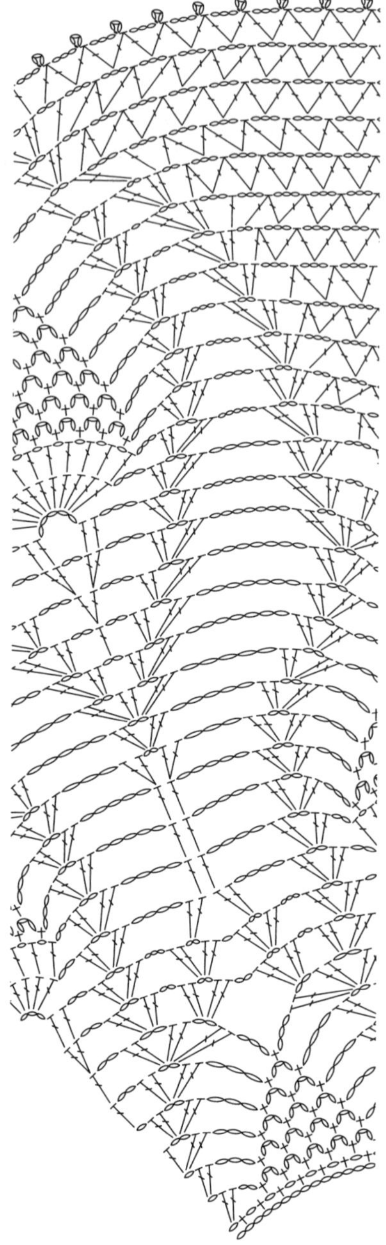

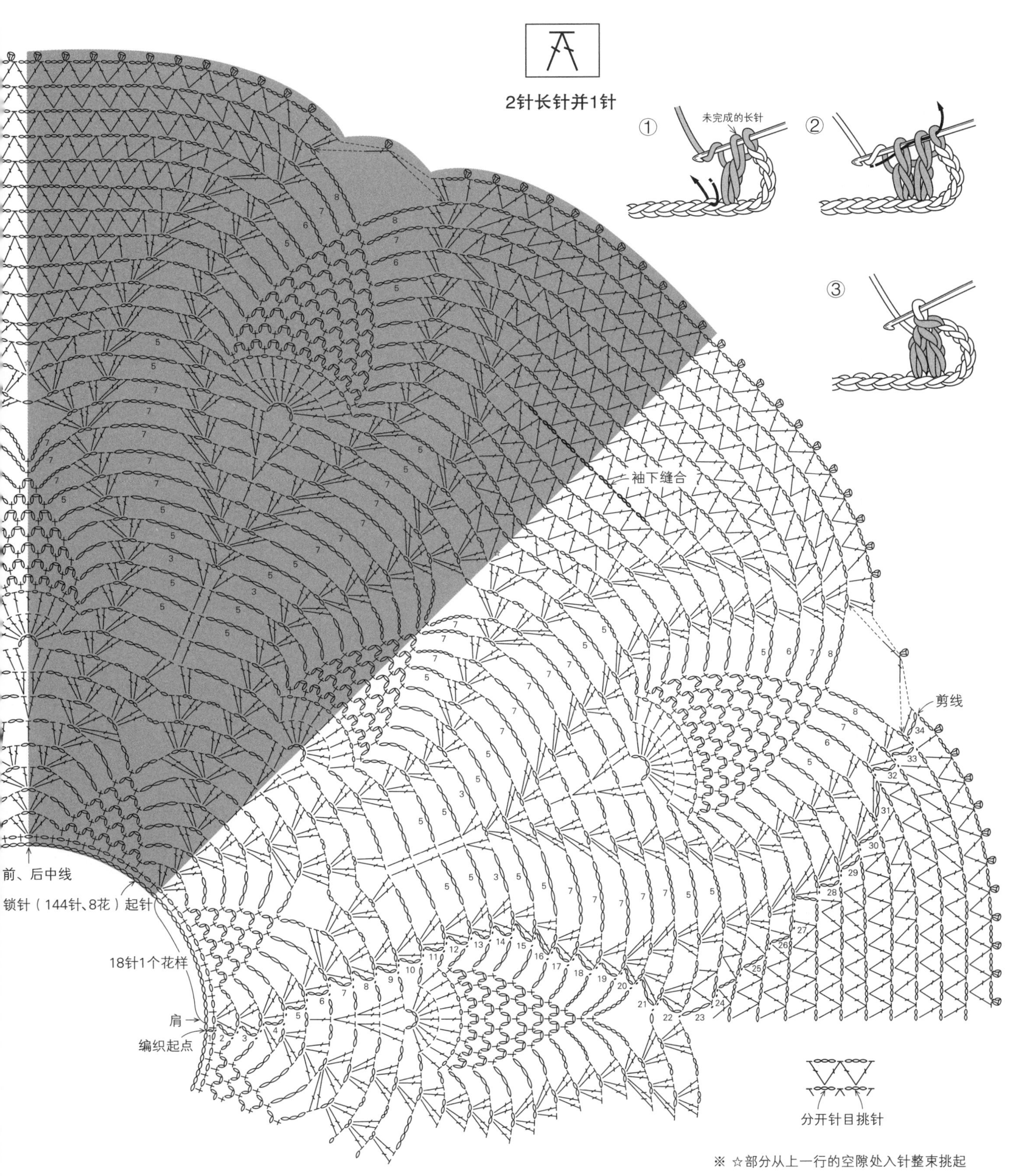

※ ☆部分从上一行的空隙处入针整束挑起

●**材料** Ski Sofia（中细）浅蓝色（216）200g=7团
●**工具** 钩针5/0号
●**成品尺寸** 胸围96cm，衣长51cm，连肩袖长36cm
●**大花片A** 24cm x 32cm
●**编织要点** 全部花片均为边钩边连。小花片环形起针，钩织最后一行时与上一片花片引拔相连。花片A、B、B'分别钩织指定数量的花片并连接成大花片，然后再整体连接。参照图解的顺序进行整体连接。连接方法为钩织4针锁针，整束挑起前一片花片的4针锁针后钩织引拔针。后领口钩织花片B'填补。

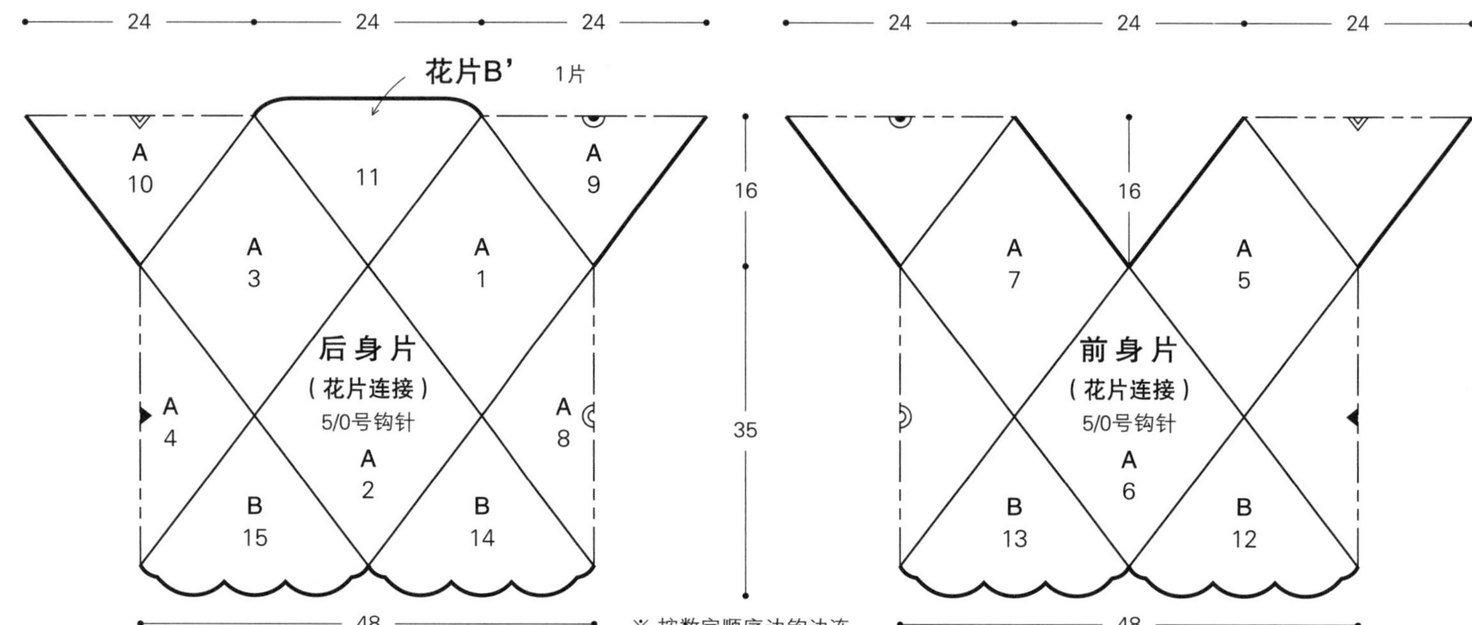

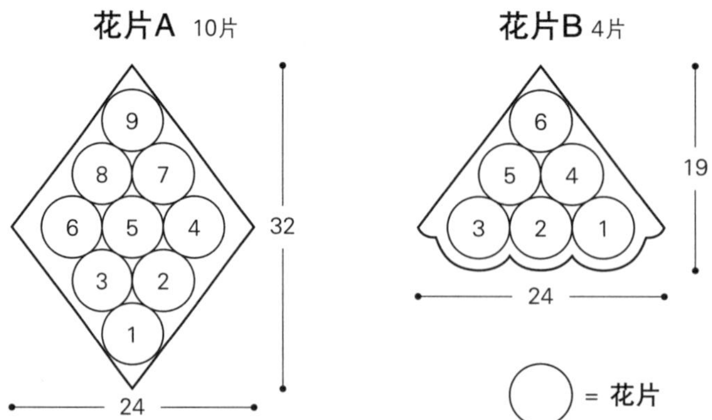

※ 小花片上的数字表示连接顺序

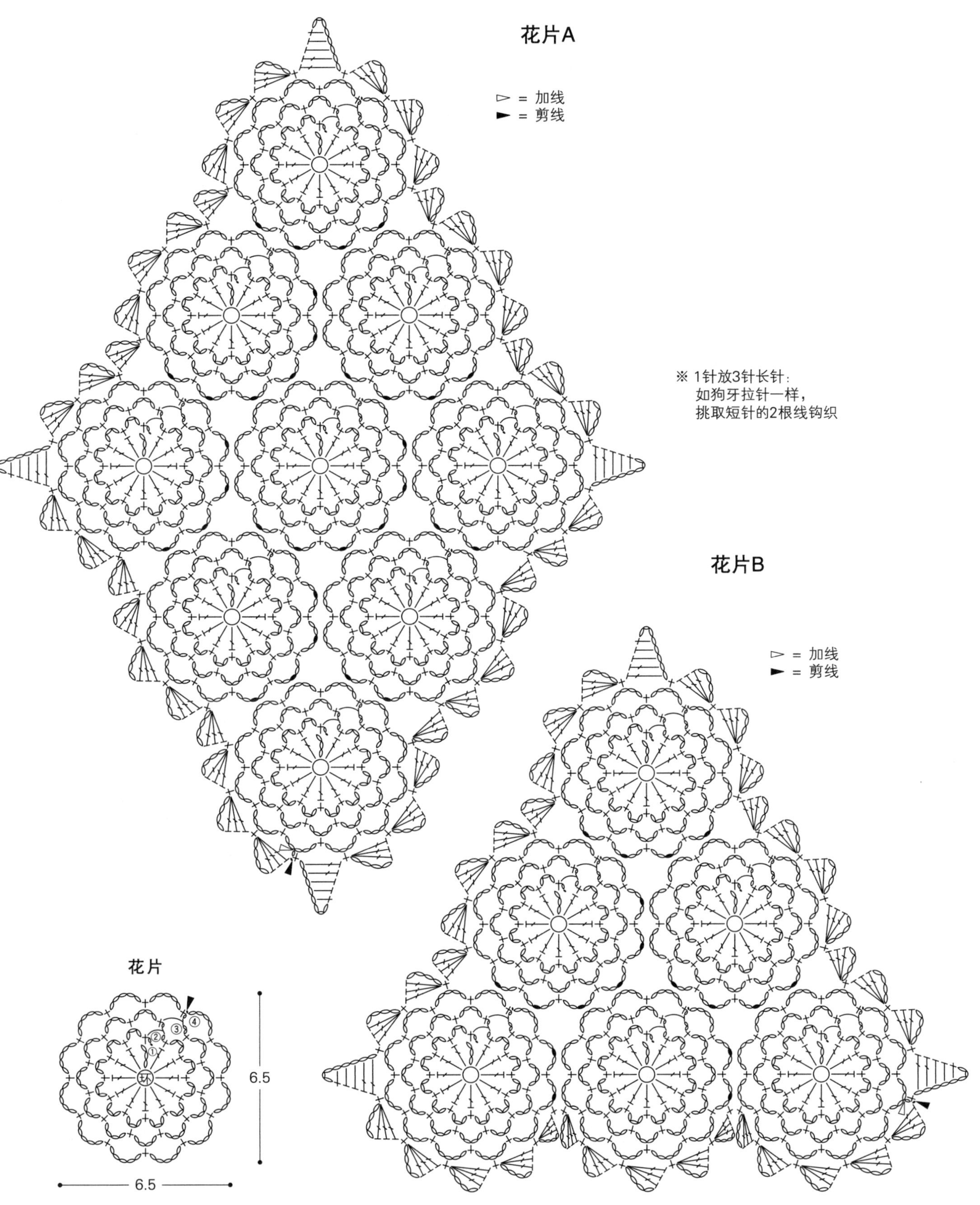
花片A
▷ = 加线
► = 剪线
※ 1针放3针长针：
如狗牙拉针一样，
挑取短针的2根线钩织
花片B
▷ = 加线
► = 剪线
花片
①
②
③
④
环
6.5
6.5

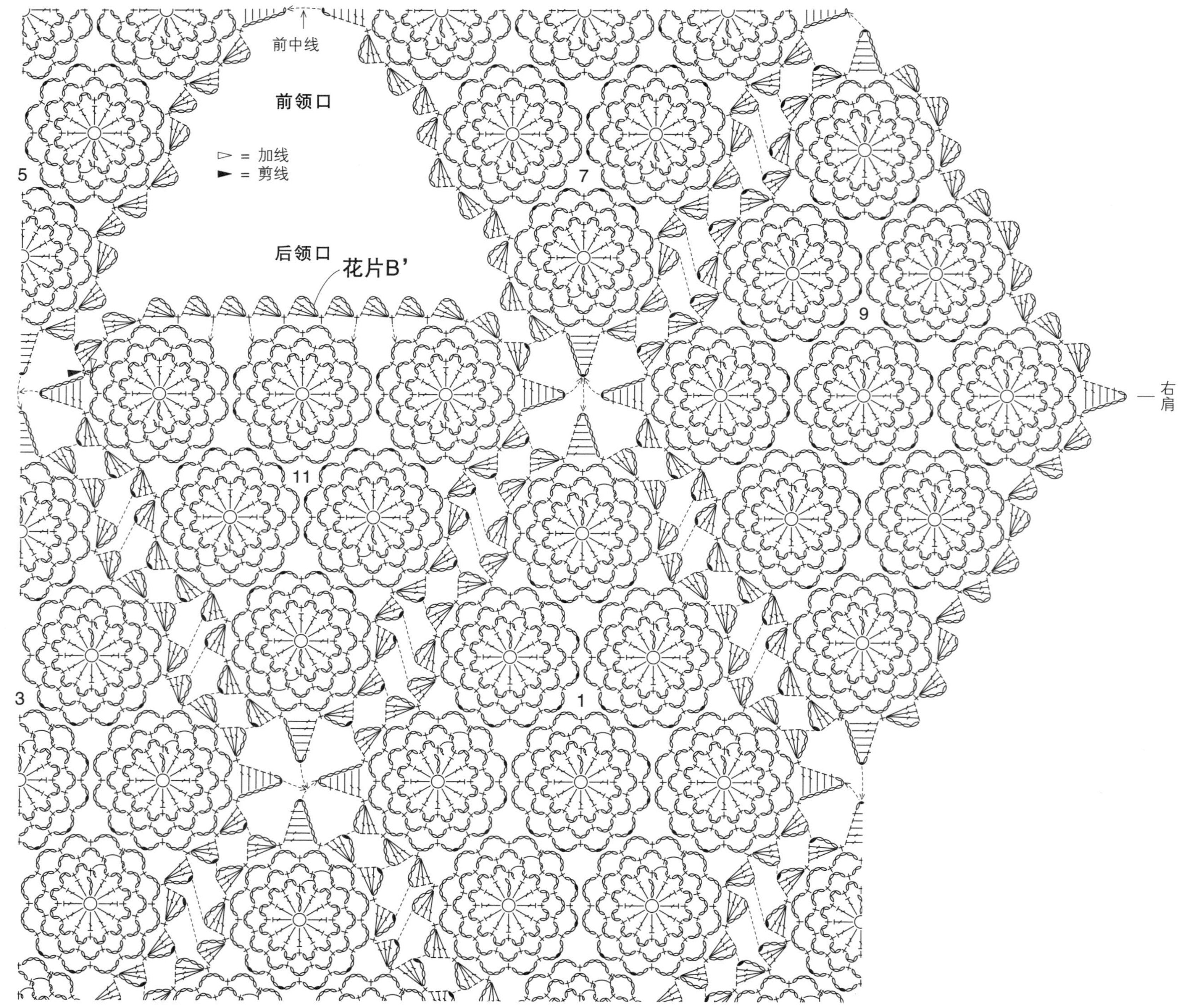

前中线
前领口
▷ = 加线
▶ = 剪线
后领口
花片B'
5
7
9
右肩
11
3
1

长针的正拉针

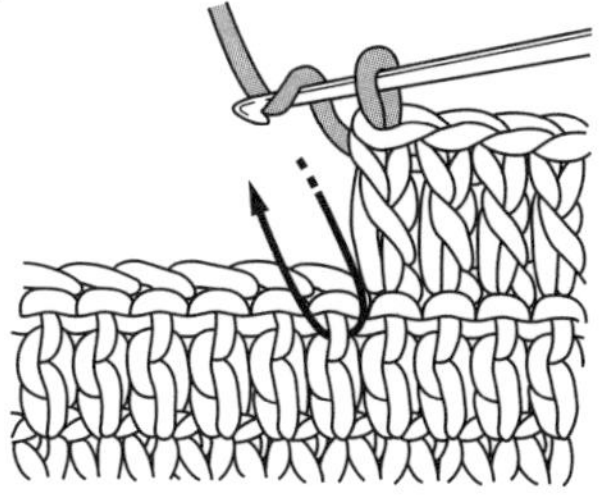

如箭头所示，从上一行针目足部的正面入针。

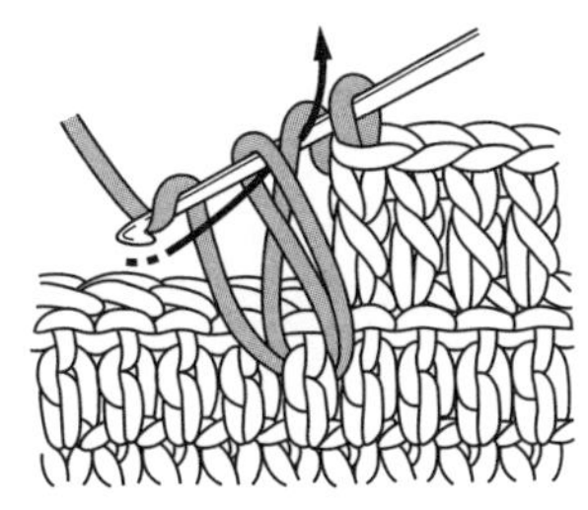

钩针挂线拉出至正常的高度，再次挂线从前2个线圈中引拔。

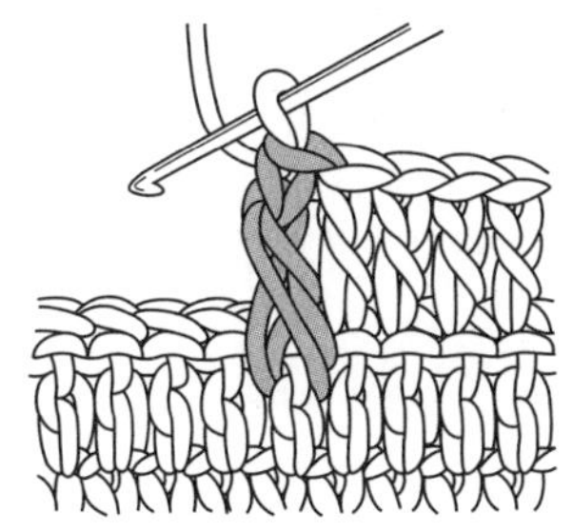

再次挂线引拔，完成1针长针的正拉针。上一行的针目头部向外侧鼓起。

12

16页

●**材料** Ski Linen Silk（中细）茶色（1413）250g=10团，直径1.8cm 的纽扣1颗

●**工具** 棒针3号，钩针4/0号

●**成品尺寸** 胸围96cm，肩宽36cm，衣长63.5cm，袖长41.5cm

●**密度** 10cmx10cm面积内：编织花样A、B 21.5针、32行

●**编织要点** 前、后身片连在一起，手指挂线起针，依次做编织花样 A、起伏针、编织花样 B 的编织。从袖窿处开始，分成三片分开编织。袖窿、领窝处2针以上的减针使用伏针，1针时立织侧边1针减针。斜肩部分引返编织。下摆做边缘编织。前、后肩部正面相对对齐盖针接合，领口、前门襟继续钩织边缘编织，右前门襟钩出扣眼。袖子按身片的编织花样进行编织，袖下挑针缝合，袖口环形钩织边缘编织。袖子与身片引拔接合。

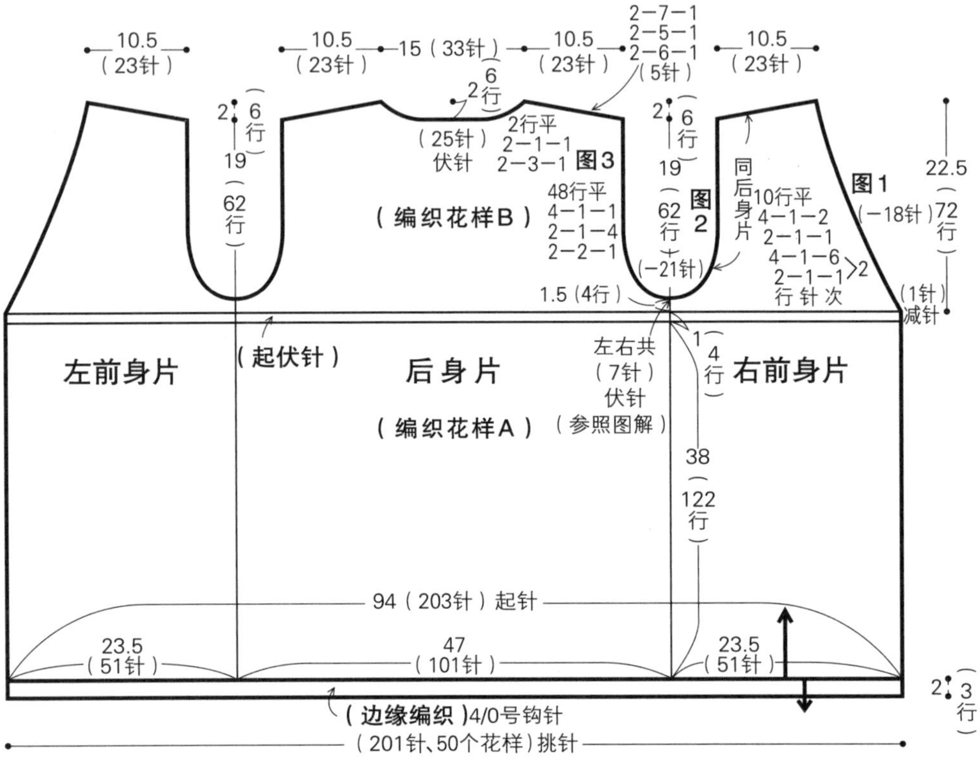

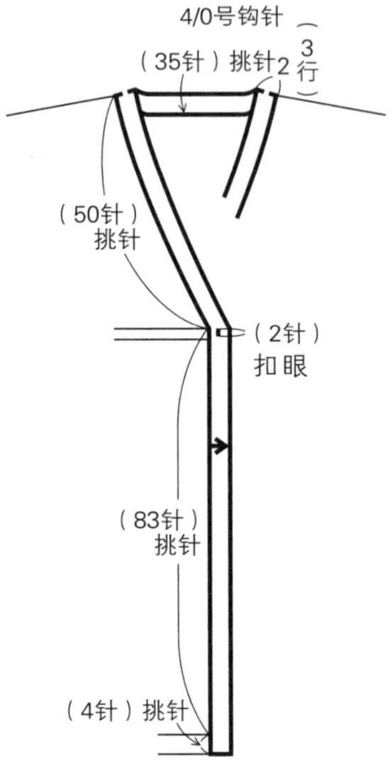

※ 除指定以外均使用3号棒针编织

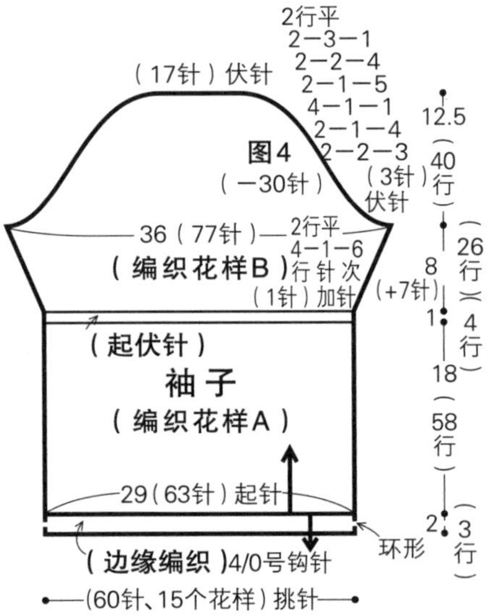

边缘编织

衣领、前门襟（边缘编织）

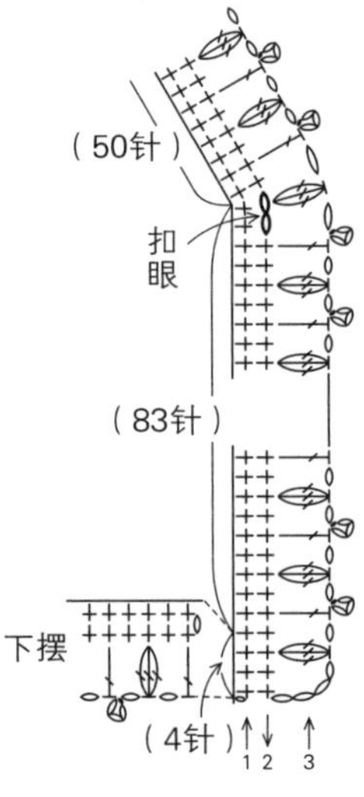

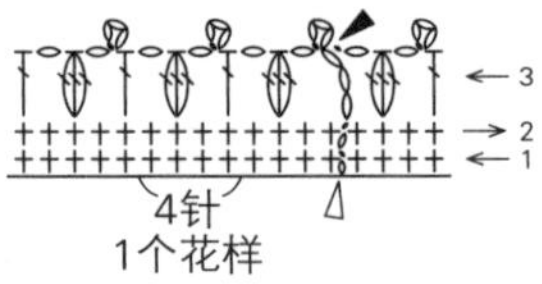

扣眼（右前门襟）

编织花样B

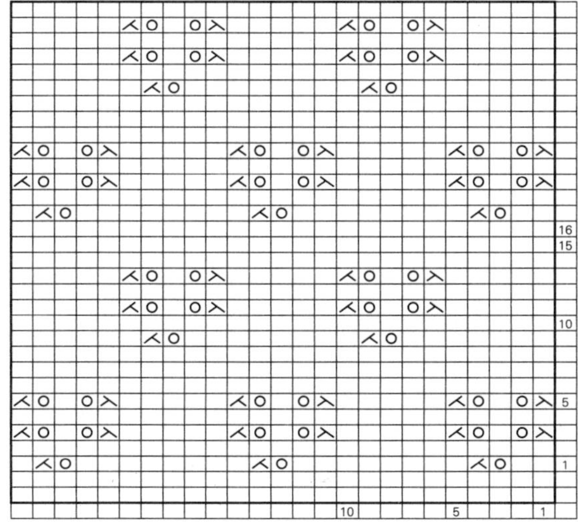

编织花样A

16
15
10
5
1
10 5 1

编织起点

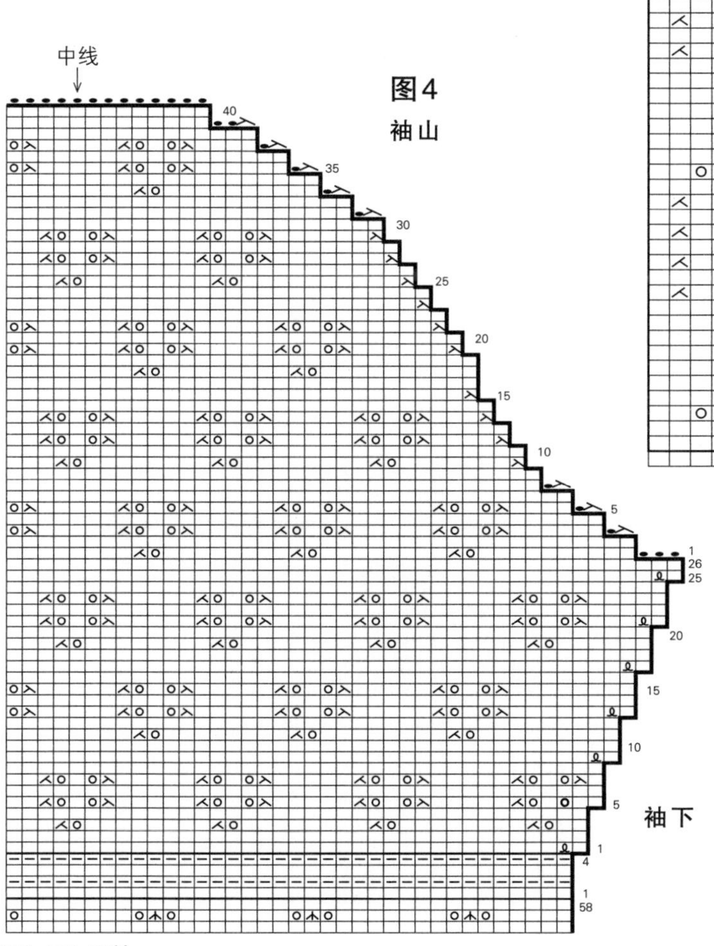

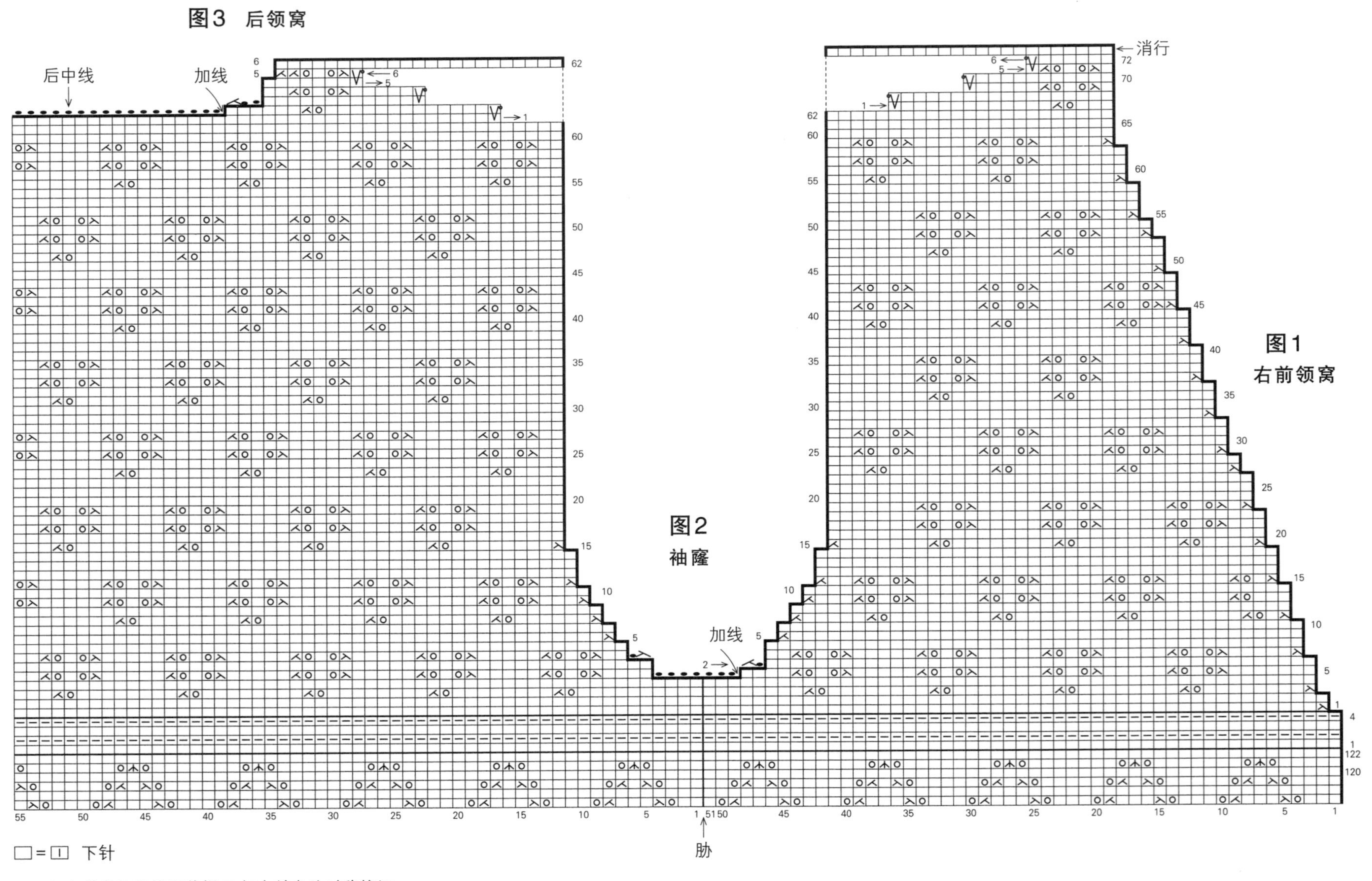

□=⊡ 下针

※ 左前身片的编织花样 B 与右前身片对称编织

13

17页

●**材料** Ski Clair Gold（中细）灰色（13）230g=6团，直径1.8cm的包扣用纽扣5颗

●**工具** 棒针5号，钩针5/0号

●**成品尺寸** 胸围99.5cm，肩宽37cm，衣长57cm，袖长26.5cm

●**密度** 10cm x 10cm的面积内：编织花样A 25针、24.5行

●**编织要点** 身片、袖子手指挂线起针，编织编织花样A，袖窿、领窝、袖山处2针以上的减针编织伏针，1针时立织侧边1针减针。下摆、袖口编织编织花样B，先编织交叉花样，然后隔1针加1针挂针再编织下针，形成小荷叶边。肩部盖针接合，胁和袖下挑针缝合。领口、前门襟换钩针编织边缘编织，右前门襟钩出扣眼。钩织出包扣。

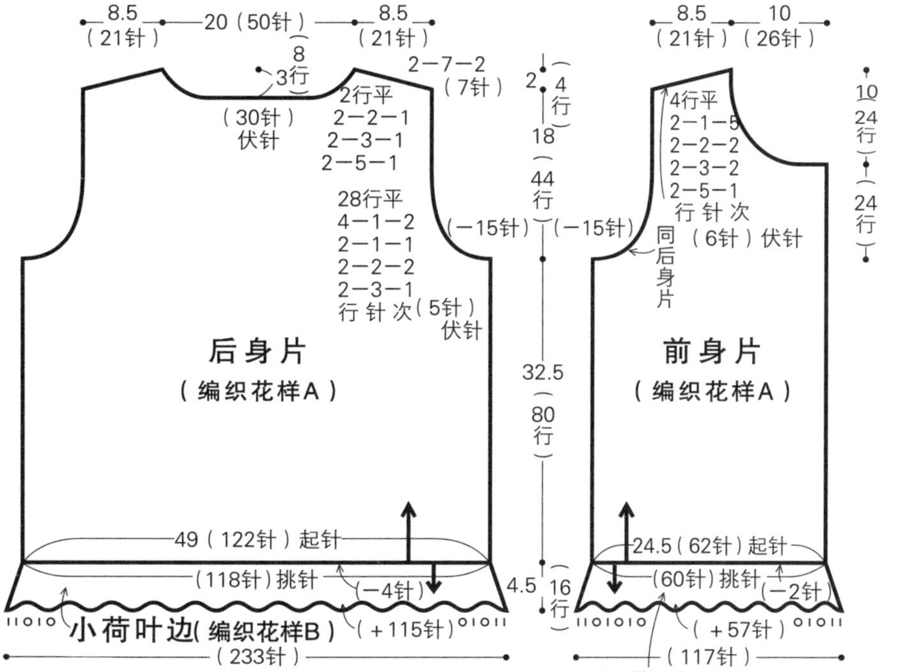

后身片（编织花样A）

前身片（编织花样A）

小荷叶边（编织花样B）

※ 除指定外均使用5号棒针编织

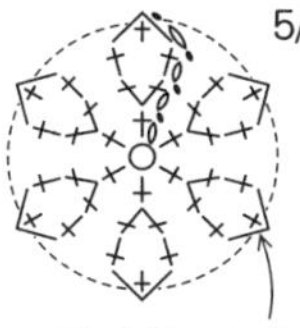

编织花样A

身片编织终点　后身片、袖子中线　袖子编织起点　身片编织起点

□=⊡ 下针

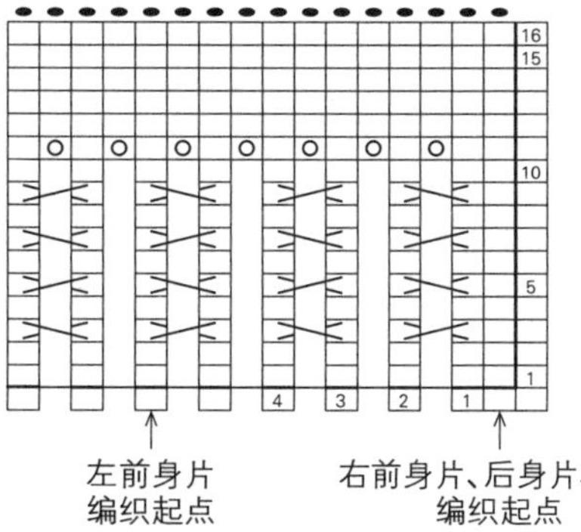

包扣（5颗）5/0号钩针

最后放入纽扣再将线穿入拉紧

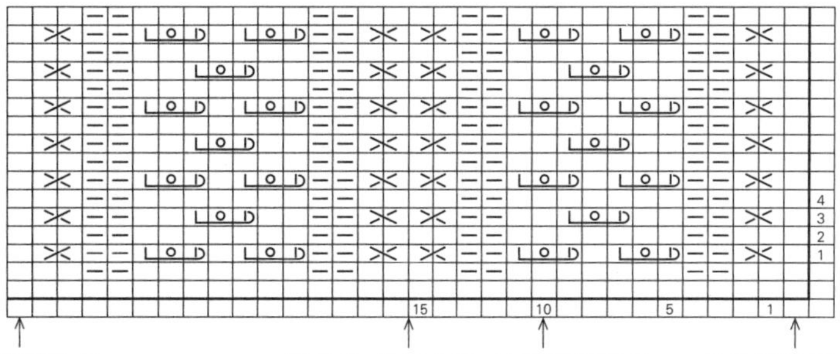

编织花样B（小荷叶边）

左前身片编织起点　右前身片、后身片、袖子编织起点

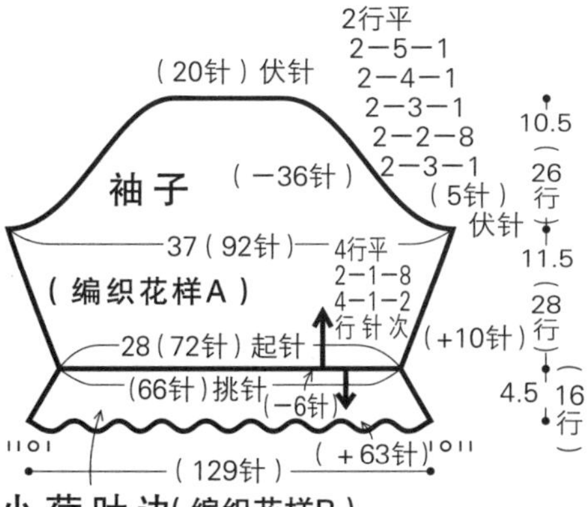

边缘编织

2针1个花样

扣眼（右前门襟）

袖子（编织花样A）

小荷叶边（编织花样B）

领口、前门襟（边缘编织）5/0号钩针

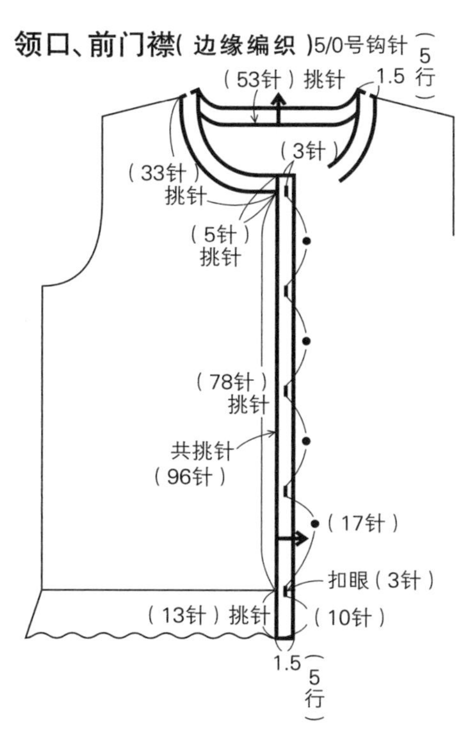

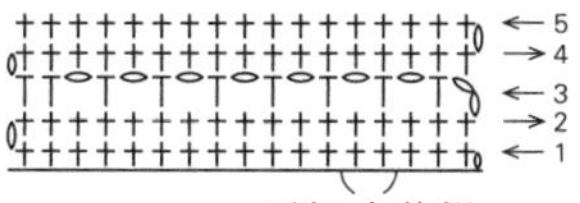

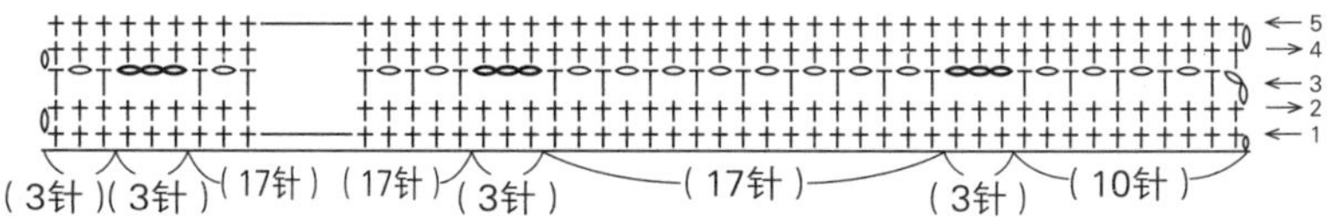

14

18页

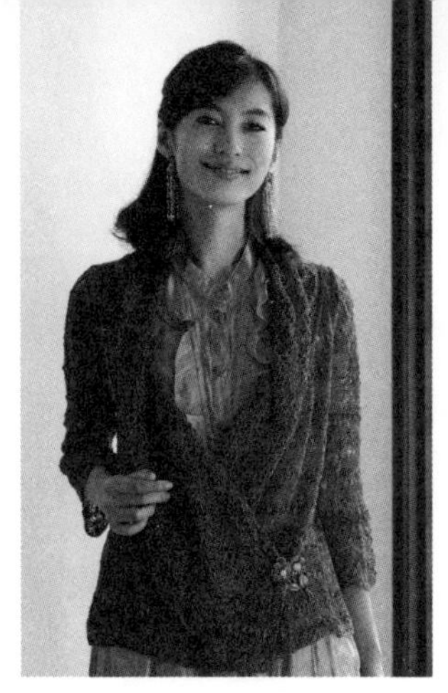

●**材料** Ski Gypsy Lame(中细)砖红色系(1706)245g=10团

●**工具** 棒针6号，钩针6/0号

●**成品尺寸** 胸围96cm，肩宽35cm，衣长56cm，袖长42cm

●**密度** 10cmx10cm面积内：编织花样A 19针、28行，编织花样B 21针、30行

●**编织要点** 后身片手指挂线起针，编织起伏针、编织花样A。后领窝伏针收针。前身片的衣领边4针编织起伏针，于起伏针的内侧减针。袖窿处立织侧边针目减针或伏针减针。肩部盖针接合，衣领、前门襟在身片正面的指定位置挑针编织编织花样B，两端编织4针起伏针。为了让锯齿花样更好看，第59行需要在相应位置编织加针、减针，最后按照图解一边编织减针和锁针，一边松松地引拔收针。袖子手指挂线起针，先进行编织花样B的编织，第34行分散减针后继续编织编织花样A。袖下在侧边1针内侧编织扭加针。肋和袖下挑针缝合，袖子和身片引拔接合。

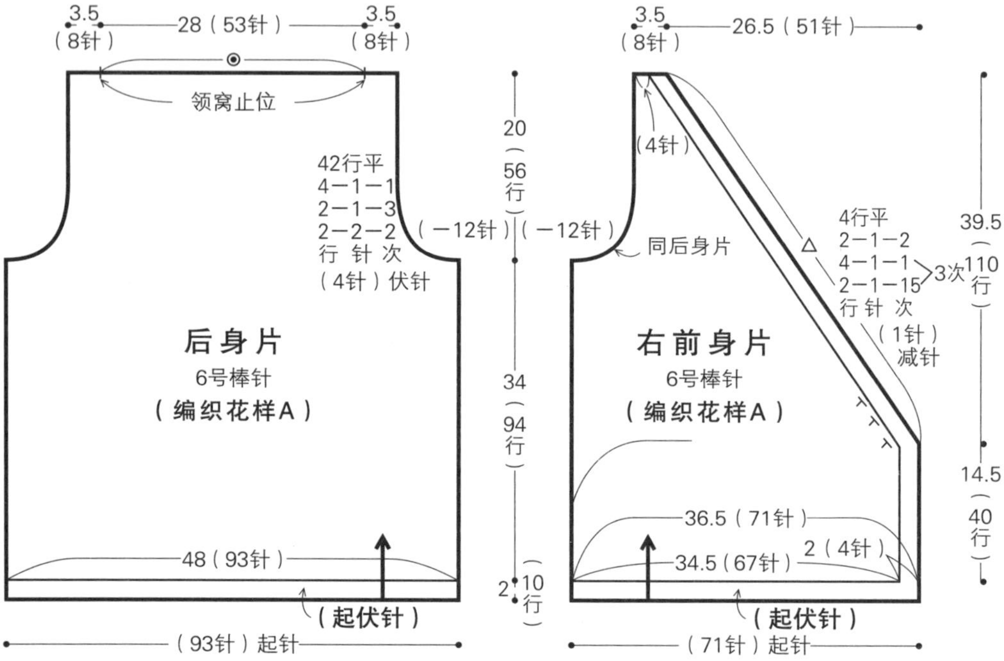

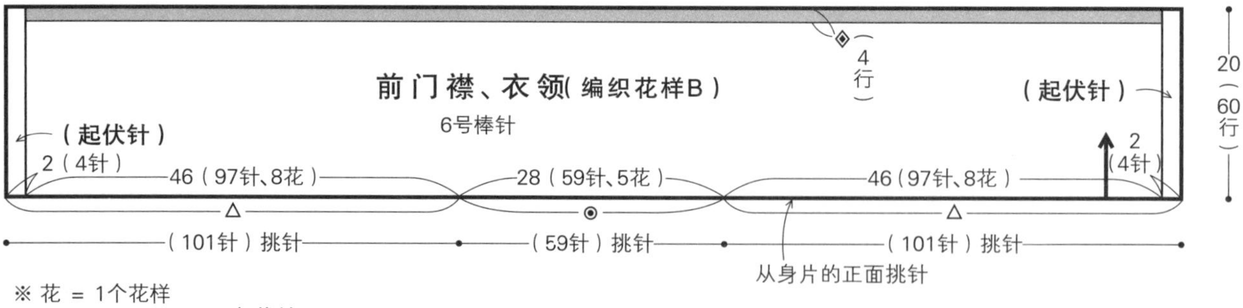

※ 花 = 1个花样

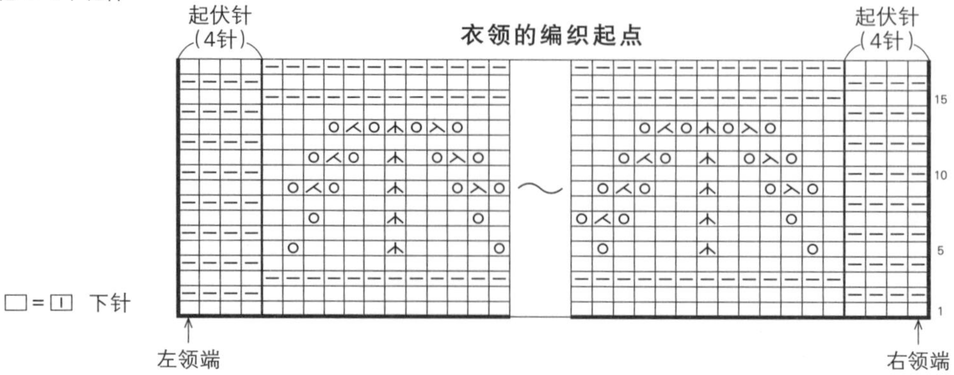

编织花样A

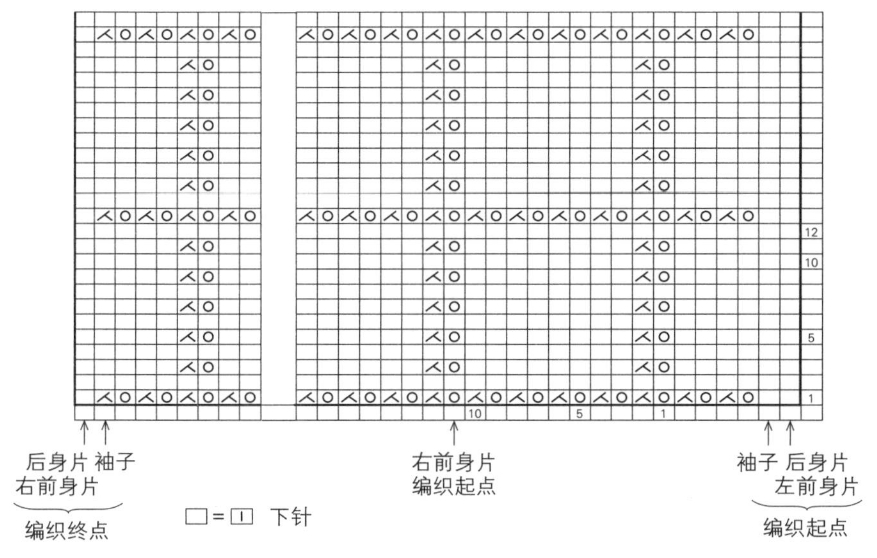

前身片的前端

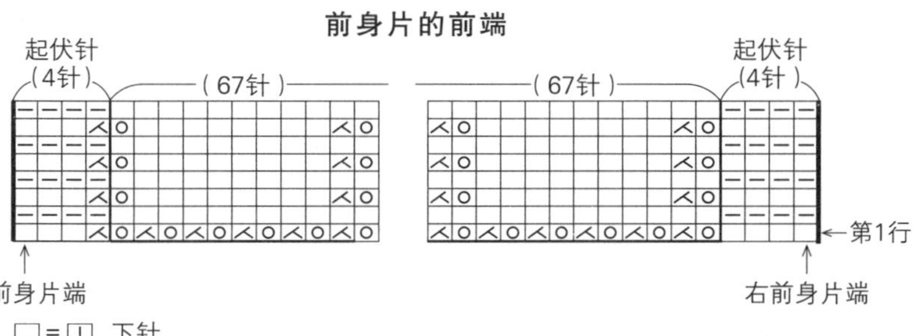

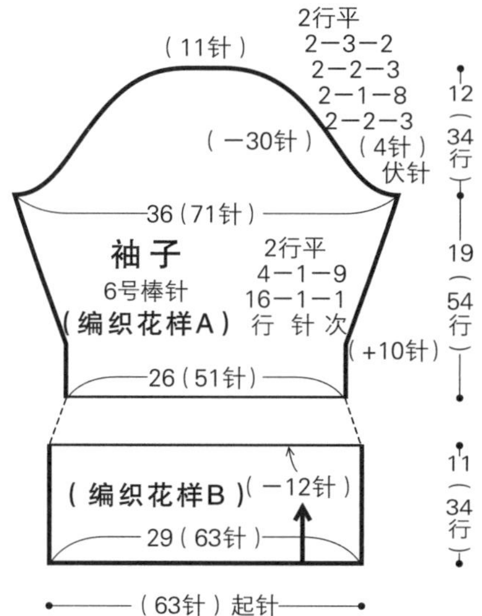

编织花样B

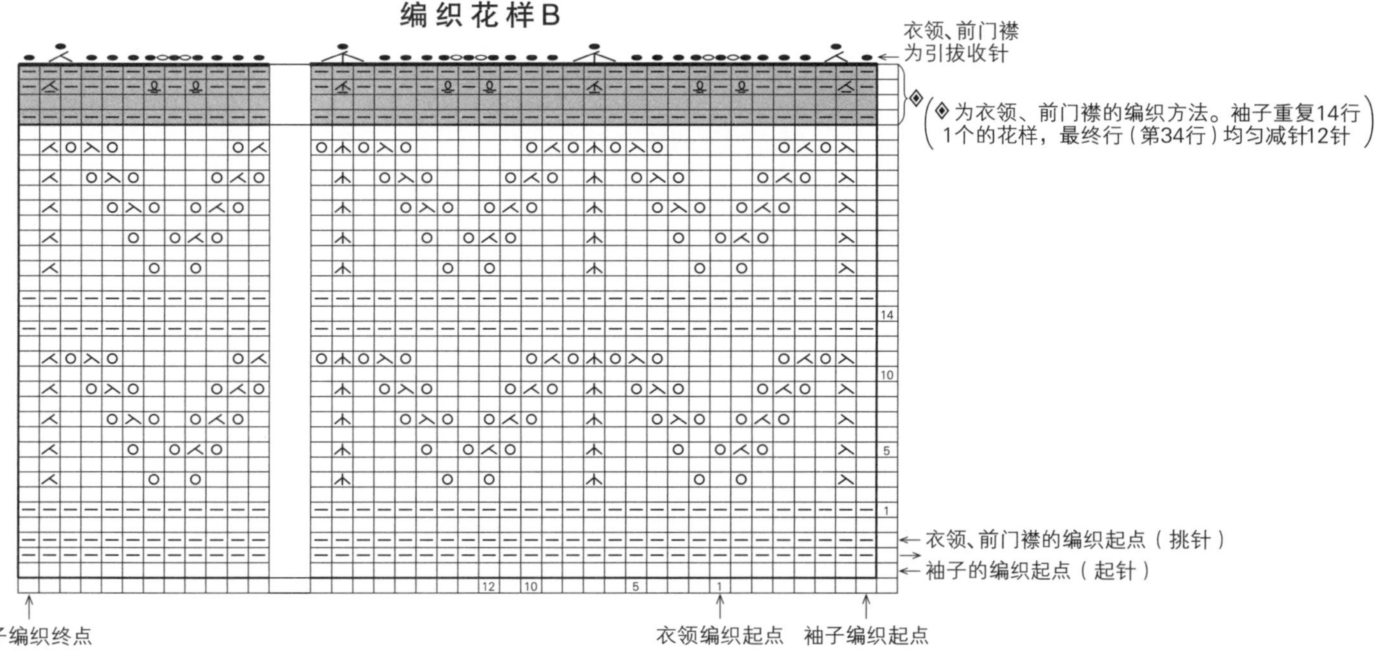

17

22页

●**材料** Ski Vega（粗）浅灰色 + 绿色系（1107）235g=10团

●**工具** 钩针5/0号，棒针6号

●**成品尺寸** 胸围92cm，衣长56cm，连肩袖长34.8cm

●**密度** 10cmx10cm面积内：编织花样A 24.5针、10行；编织花样B 25针、30行

●**编织要点** 袖子与育克连在一直按照编织花样A横向钩织。前领窝参照图解钩织，最后使用引拔针和锁针把边处理平整。身片从编织花样A的行边挑针钩织1行短针，再使用棒针，从织片反面按照上针的要领挑起上一行短针头部的内侧半针，继续进行编织花样B的编织。图解中通过交叉花样两侧的分散加针实现下摆处的加宽，最后编织伏针收针，下摆换成钩针进行编织花样A'的钩织。肩部使用引拔针和锁针的接合，胁部进行挑针缝合，下摆处做卷针缝。领口钩织边缘编织A，袖口钩织边缘编织B。从编织花样A、B交界处的短针的内侧半针挑针钩织装饰花样。

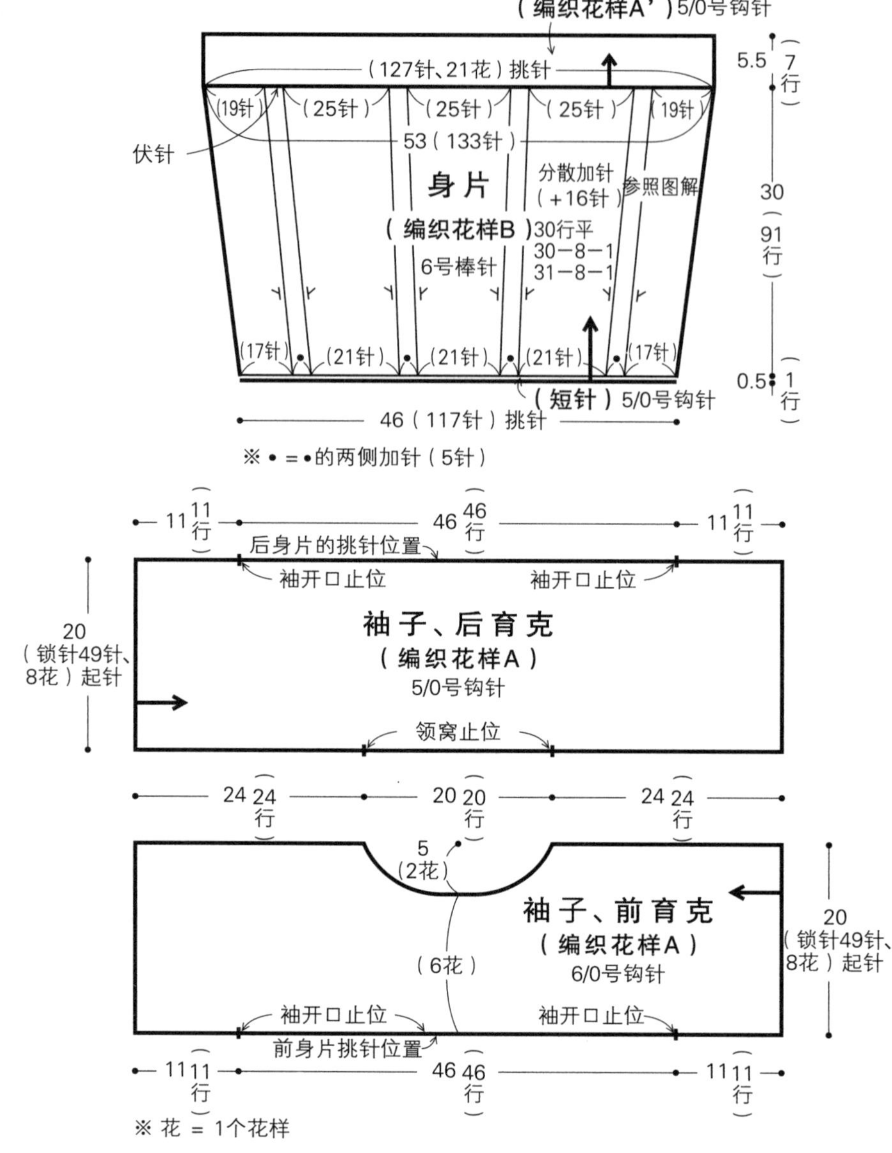

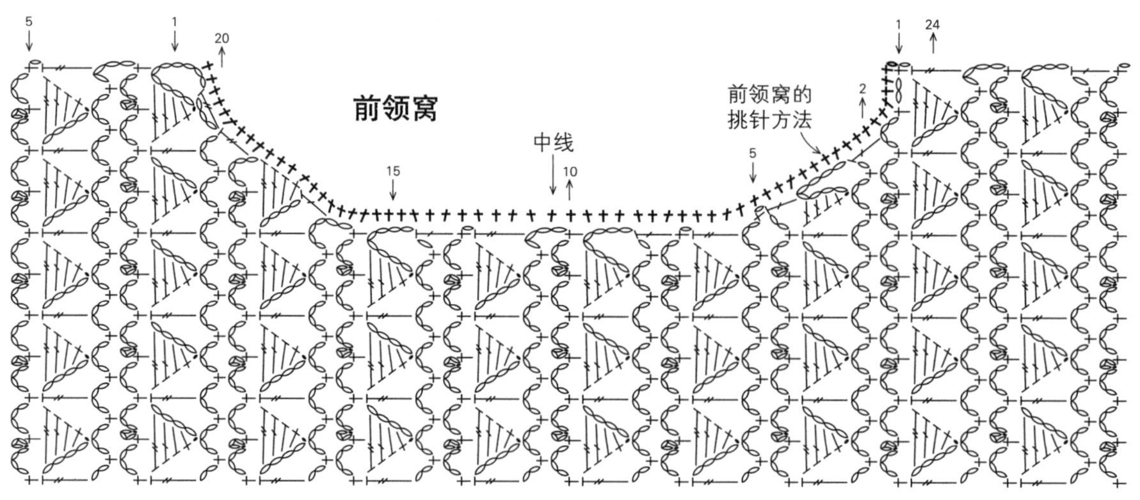

编织花样B

（23针）
32
加针
☆使用棒针，从织片反面，像编织上针那样挑起前一行短针头部的内侧半针
2行1个花样
☆
短针
□=□ 下针
编织花样A
平整行
最终行
6行1个花样
6针
1个花样
2针1个花样
袖下
（25针）
（1针）
（99针）
边缘编织B（袖口）
剪线
= 反短针
领口（边缘编织A）5/0号钩针
（44针、11花）挑针
2行
袖口
（边缘编织B）
5/0号钩针
边缘编织A（领口）
1个花样
左肩
（99针）挑针
拐角
（1针）起针
（60针、15花）挑针
0.8
1行
（25针）挑针
（231针、77花）挑针
编织花样A'（下摆）
胸前的装饰花样
3针1个花样
身片的短针
※ 从编织花样B的短针头部内侧半针挑针

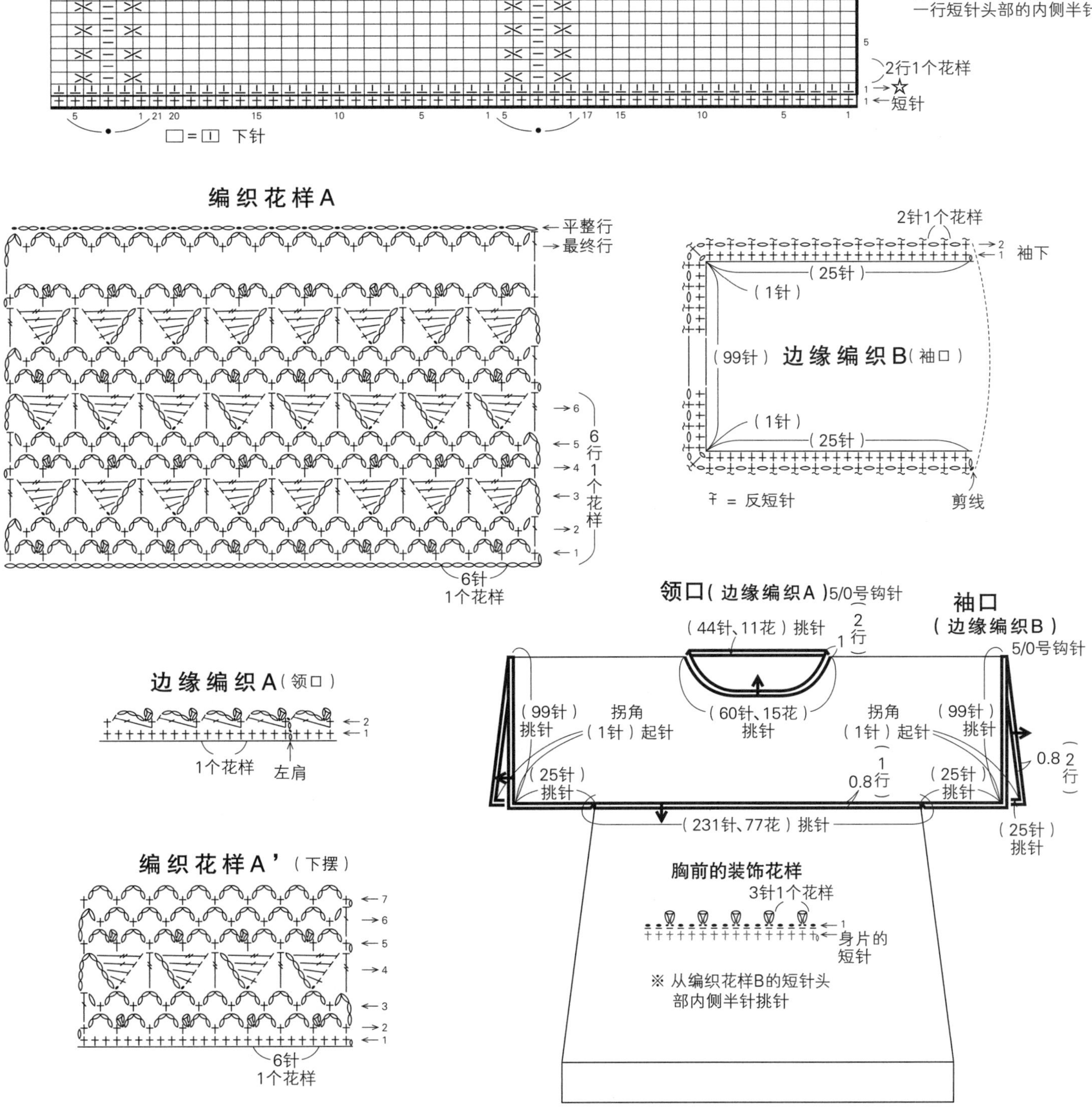

●**材料** Ski Palace（粗）灰色＋蓝色系（1605）70g=3团

●**工具** 钩针5/0号

●**成品尺寸** 宽13cm，长129cm（含流苏）

●**密度** 编织花样1个花样3.25cm x 8cm

●**编织要点** 起针为锁针及1针长针的枣形针，共4组花样。锁针的数量为41针。10行1个花样，共钩织147行。起针侧通过钩织2行边缘编织，将边儿处理平整。从侧边用另线制作4个流苏（编织花样A'）依次连接。

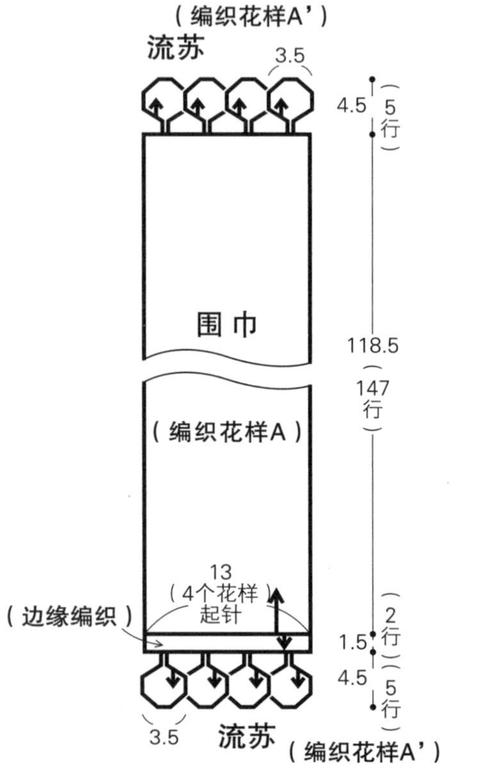

（编织花样A'）
流苏
3.5
4.5（5行）
围巾
118.5（147行）
（编织花样A）
13（4个花样）起针
（边缘编织）
1.5（2行）
4.5（5行）
3.5
流苏（编织花样A'）

※ 全部使用5/0号钩针编织
※ 莉莉纱容易松开，打结后藏好线头

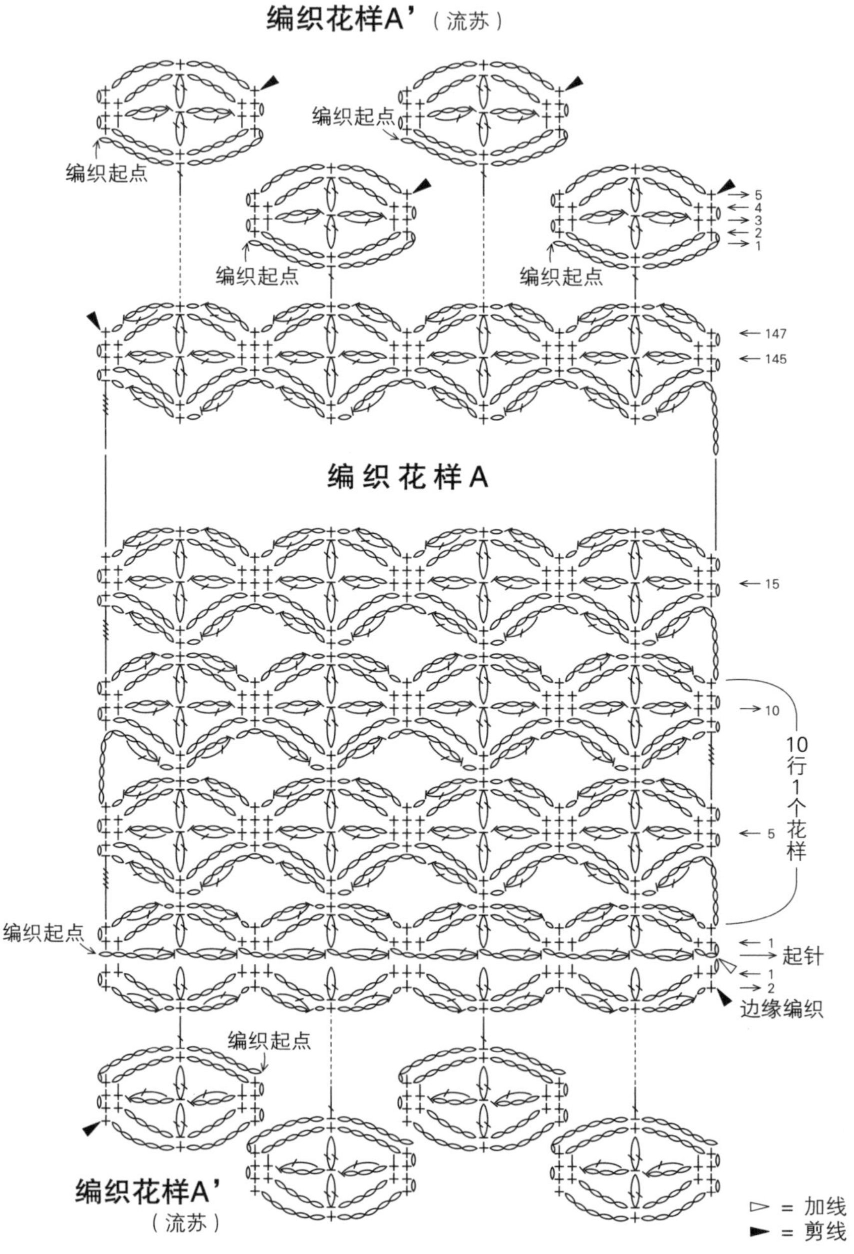

编织花样A'（流苏）

编织起点
编织起点
编织起点
编织起点
5 4 3 2 1
147
145

编织花样A

15
10
10行1个花样
5
编织起点
1 起针
1 2
边缘编织
编织起点

编织花样A'（流苏）

▷ = 加线
► = 剪线

15

20页

●**材料** Ski Palace(粗)粉色+黄绿色系(1602) 240g=8团

●**工具** 钩针5/0号、6/0号

●**成品尺寸** 胸围94cm，肩宽43cm，衣长56cm

●**密度** 10cmx10cm面积内：编织花样27.5针(1个花样少于3cm)x12行

●**编织要点** 下摆处使用罗纹绳编织起针，从锁针头部的2根线挑针，进行编织花样的钩织，花样的第3行，先钩织一个扇形花，再钩织下一个扇形花，这一排的钩织结束于左侧，第4行返回。袖窿、前领窝参照图解钩织，前肩部的最终行与后肩部的最后一行的长针和短针引拔连接。胁部进行引拔针和锁针的接合，下摆环形钩织边缘编织A，扇形花样要从编织花样的短针入针。领口和袖口钩织边缘编织B。

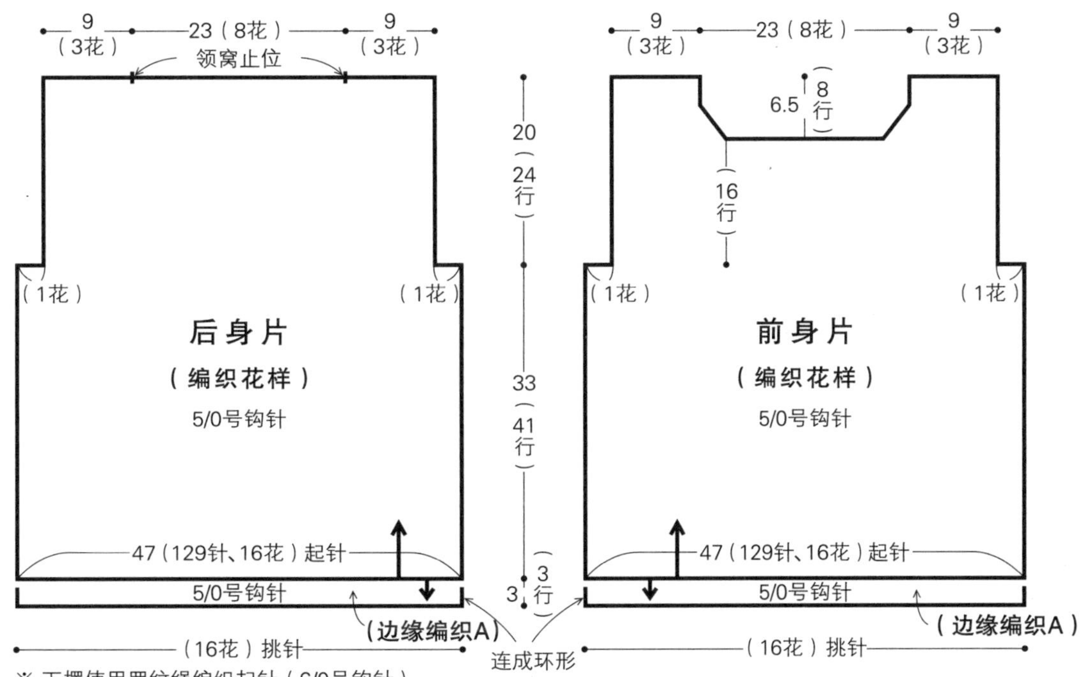

领口、袖窿(边缘编织B)5/0号钩针

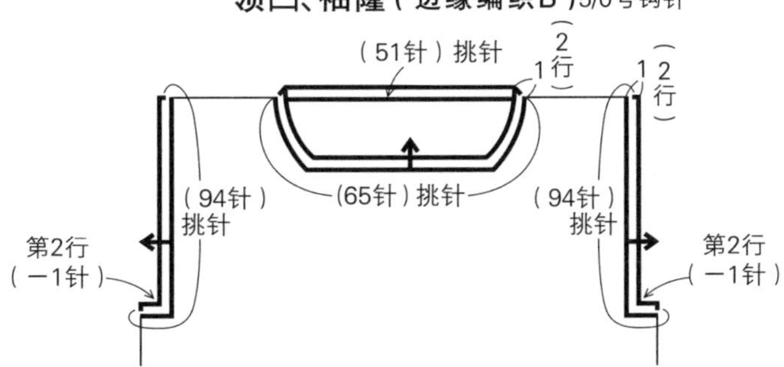

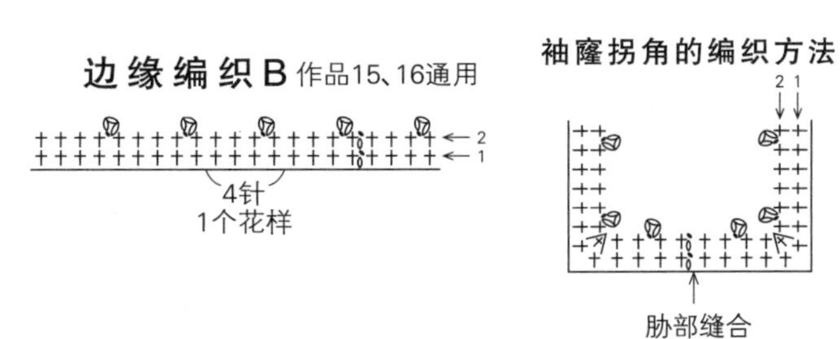

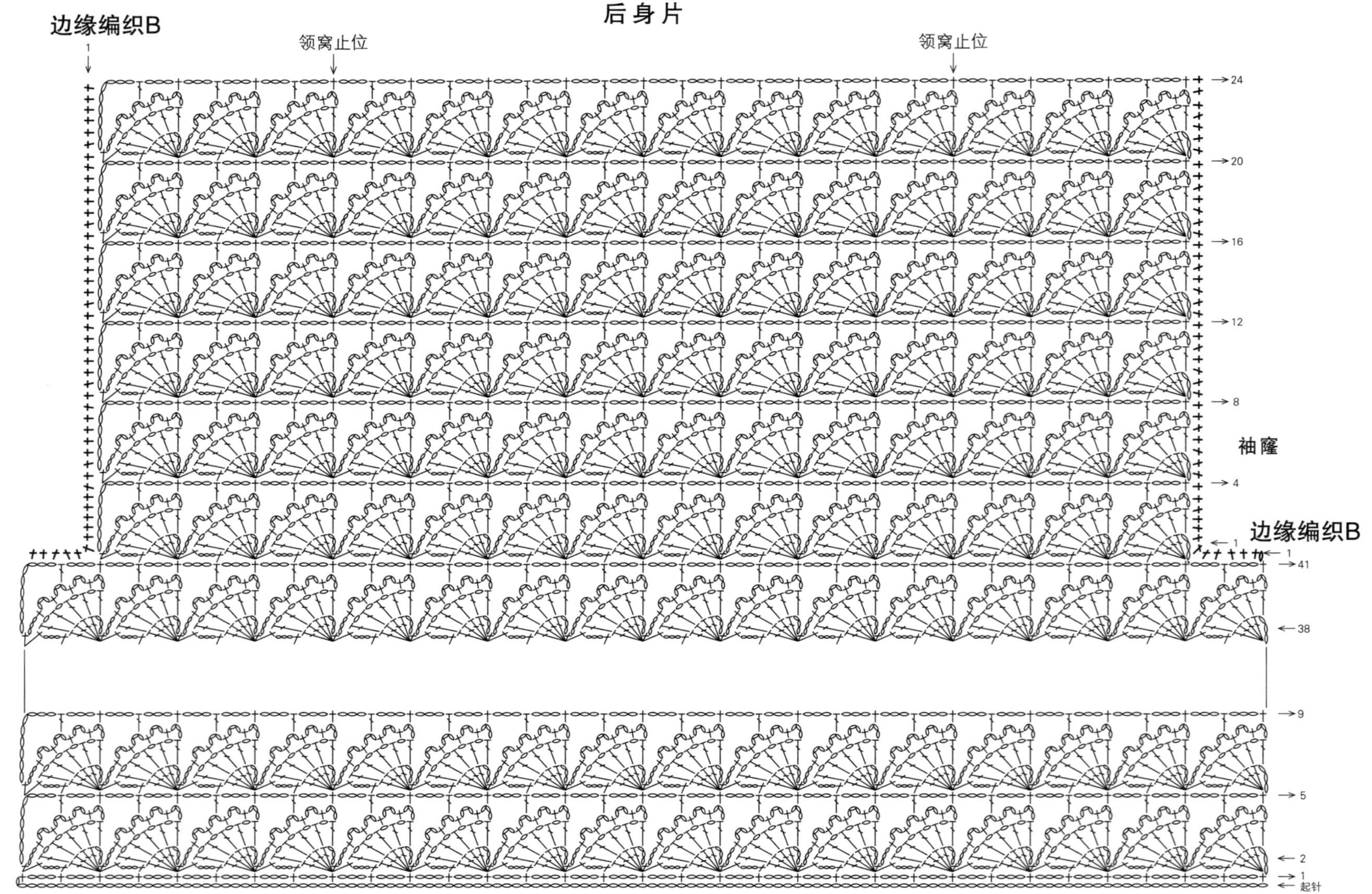
后身片
边缘编织B
1
领窝止位
领窝止位
24
20
16
12
8
袖窿
4
边缘编织B
1
1
41
38
9
5
2
1
起针

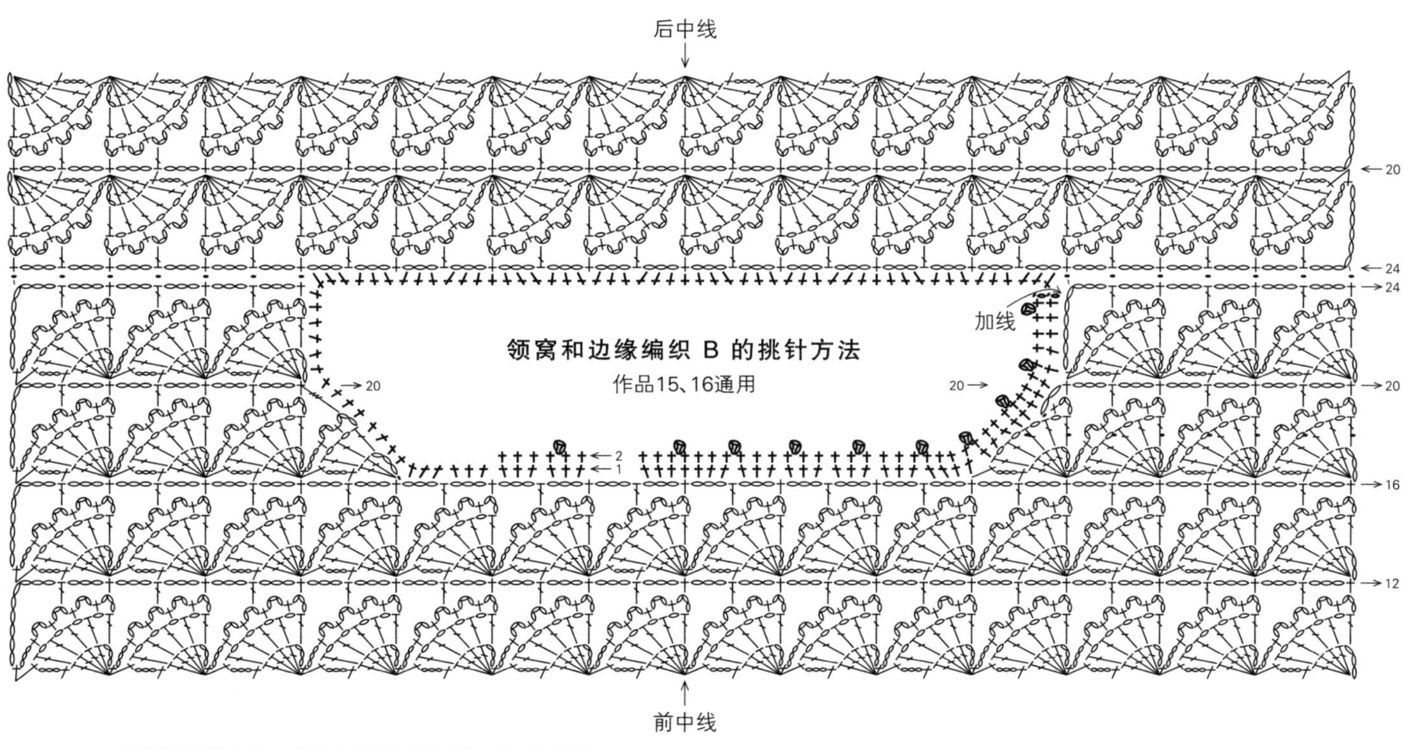

※肩部的连接方法：在钩织长针（短针）时，将钩针插入对侧针目中引拔，再钩织3针锁针

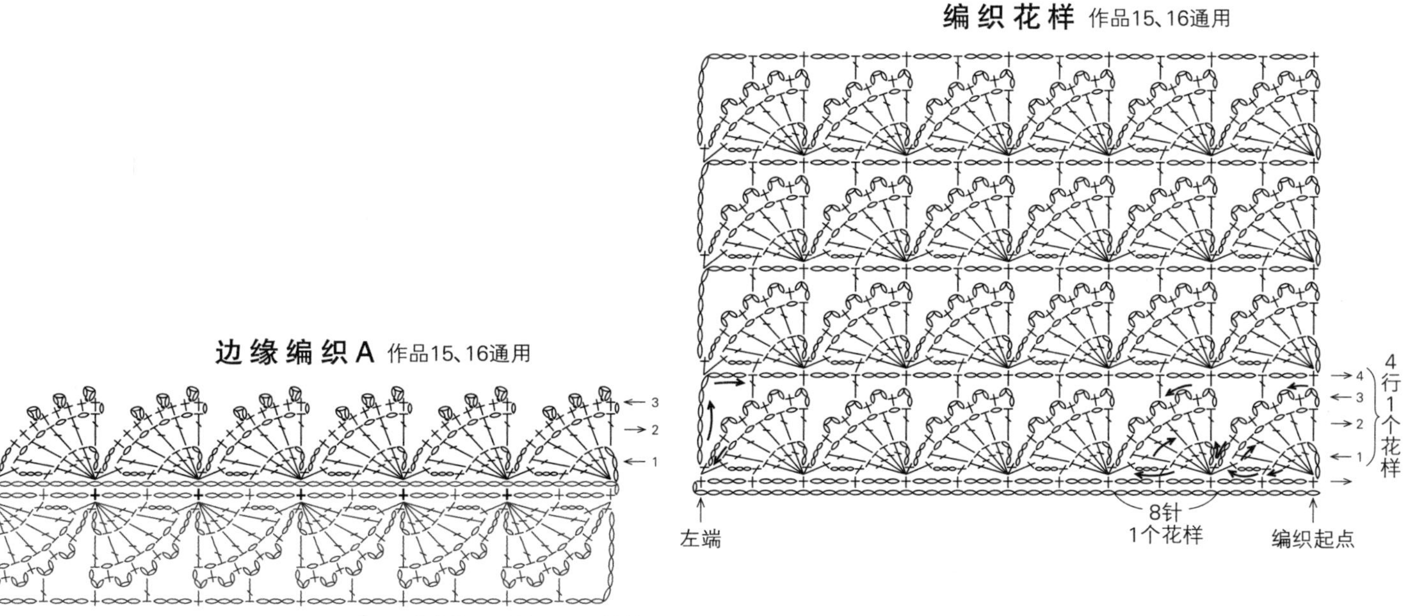

●**材料** Ski Palace（粗）酒红色+黄色系（1604）285g=10团

●**工具** 钩针5/0号、6/0号

●**成品尺寸** 胸围94cm，衣长56cm，连肩袖长33cm

●**密度** 10cmx10cm面积内：编织花样27.5针（1个花样少于3cm）x 12行

●**编织要点** 下摆处使用罗纹绳编织起针，从锁针头部的2根线挑针，进行编织花样的钩织，花样的第3行，先钩织一个扇形花，再钩织下一个扇形花，这一排的钩织结束于左侧，第4行返回。袖下的加针、前领窝参照图解钩织，前肩部的最终行与后肩部的最后一行的长针头部连接。肋部进行引拔针和锁针的接合，下摆环形钩织边缘编织A，扇形花样要从编织花样的短针入针。领口和袖口钩织边缘编织B。

边缘编织A 作品15、16通用

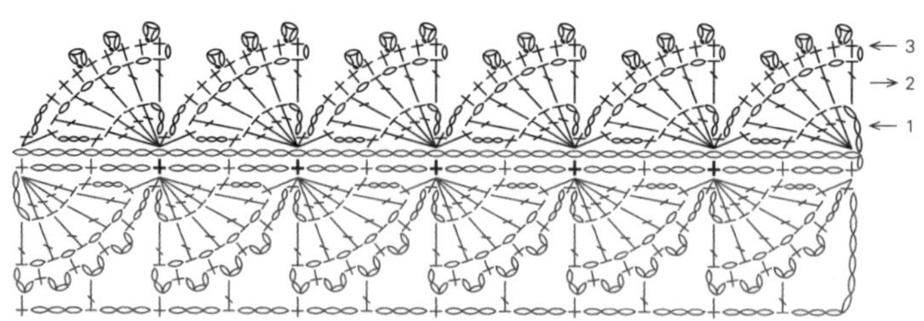

✝ = 边缘编织的针目的入针位置

领口、袖口（边缘编织B）5/0号钩针

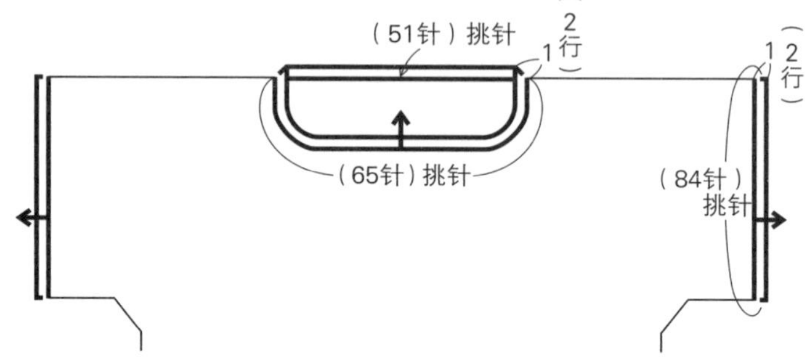

边缘编织B

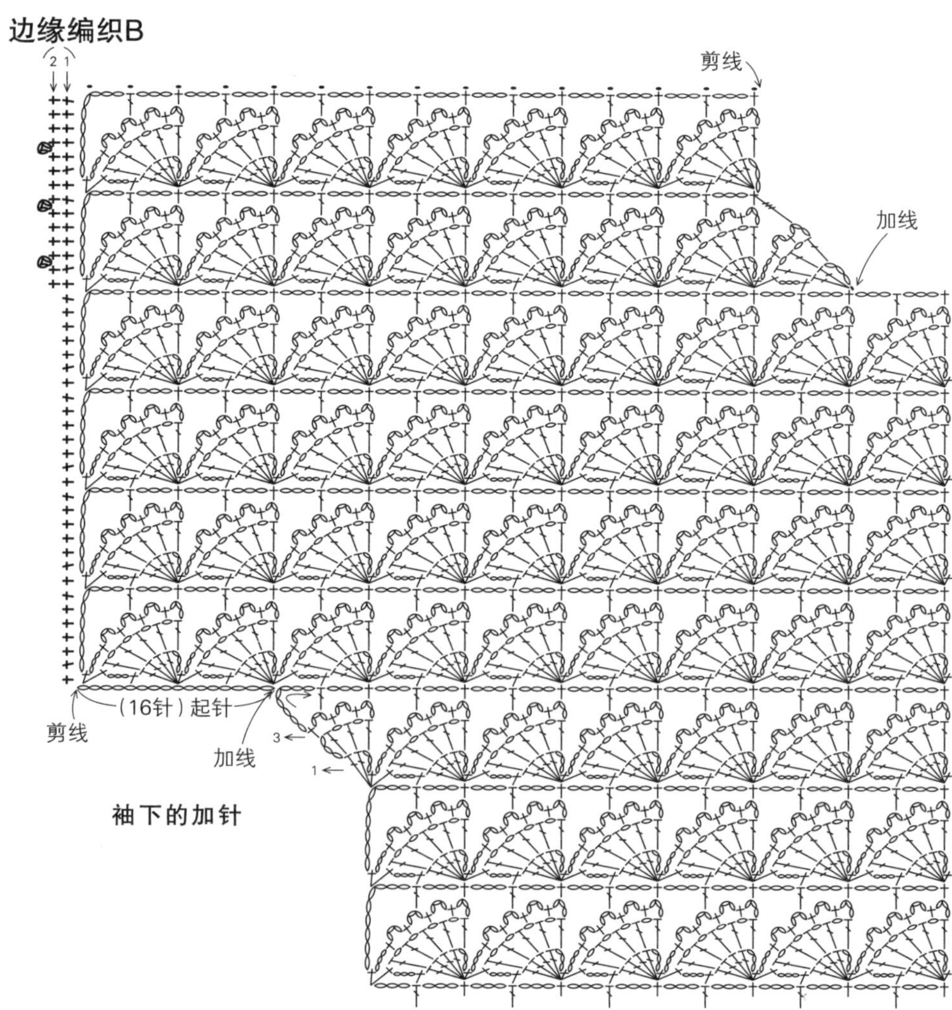

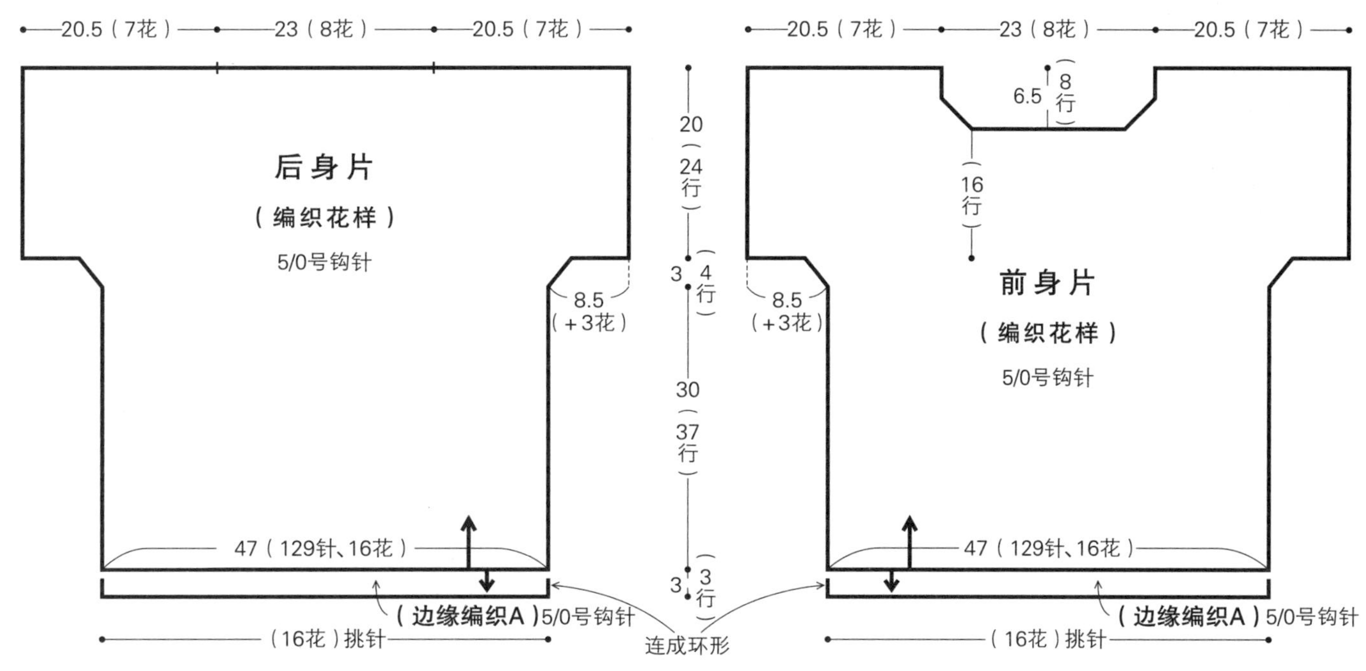

※ 下摆处使用罗纹绳编织起针（6/0号钩针）

※ 花 ＝ 1个花样

※ 编织花样、领窝的挑针方法参照作品15

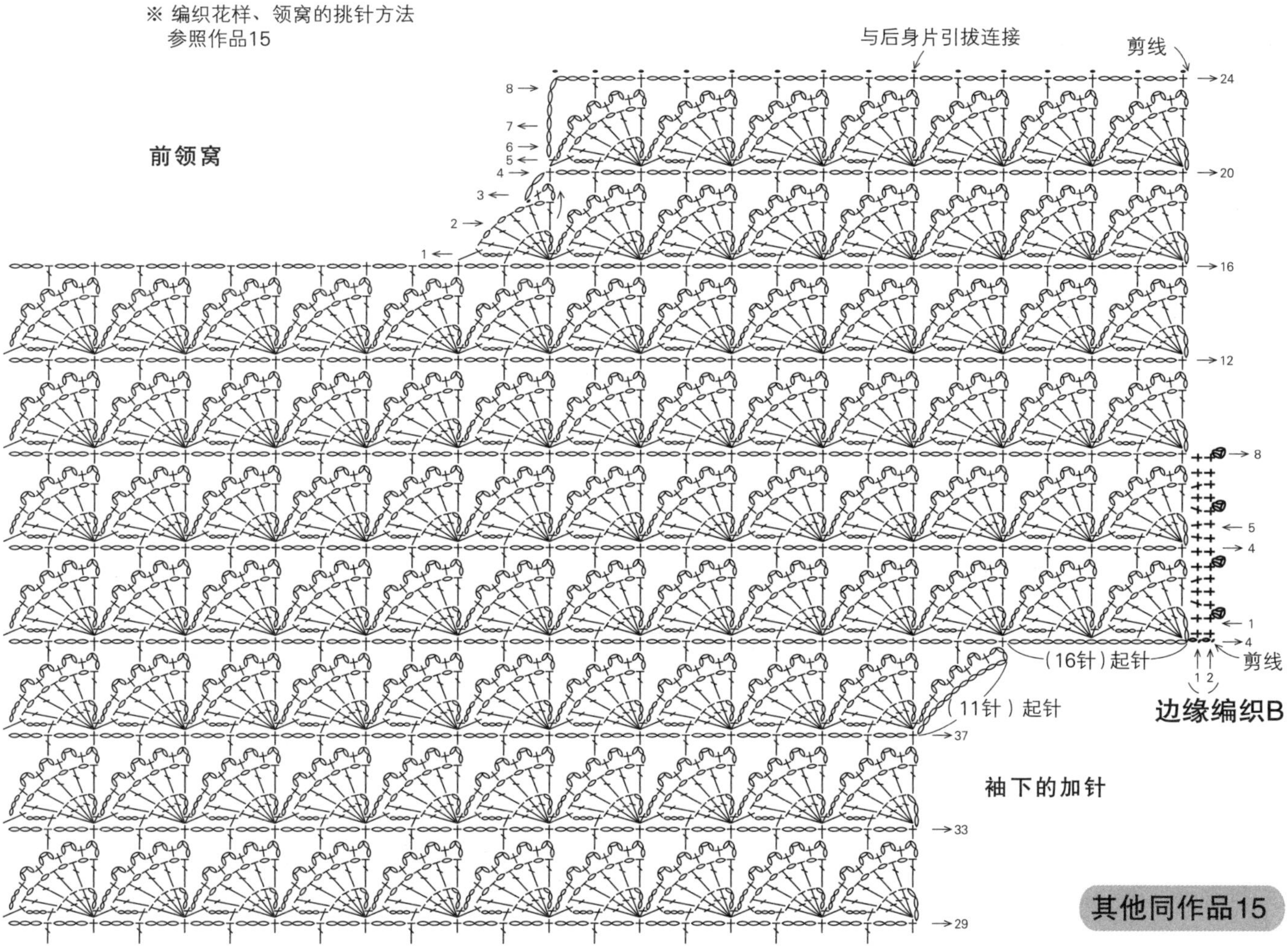

与后身片引拔连接

剪线

前领窝

（16针）起针

剪线

（11针）起针

边缘编织B

袖下的加针

其他同作品15

●**材料** Ski Palace（粗）黑色+粉色系（1607）80g=3团

●**工具** 钩针3/0号、4/0号

●**成品尺寸** 头围52cm，帽深21.5cm

●**密度** 编织花样10cm内16行

●**编织要点** 手指挂线，环形起针开始钩织。第1、2行逆时针方向环形钩织，从第3行到帽身结束处看着反面钩织。参照图解进行帽顶花样的加针，帽身有8行无加减针，第9行至第13行减针。帽口看着正面钩织短针，注意针目不要钩织得过松。

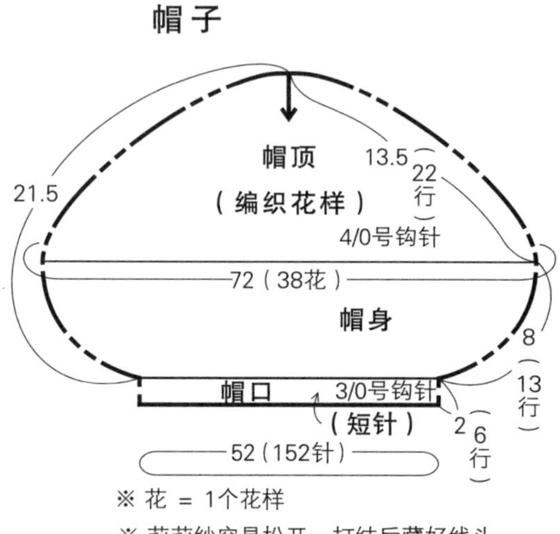

行数	针(花)数	加减针（花）	
第13行	152针	2针锁针、2针短针	帽身
第11、12行	38花	长针处减针	帽身
第9、10行	38花	长针处减针	帽身
第1～8行	38花	无加减针	帽身
第21、22行	38花	+2花	帽顶
第17～20行	36花	+6花	帽顶
第13～16行	30花	+6花	帽顶
第9～12行	24花	+6花	帽顶
第5～8行	18花	+6花	帽顶
第3、4行	12花		帽顶
第2行	30针	+15针	帽顶
↑第1行	15针	环形钩织长针	帽顶

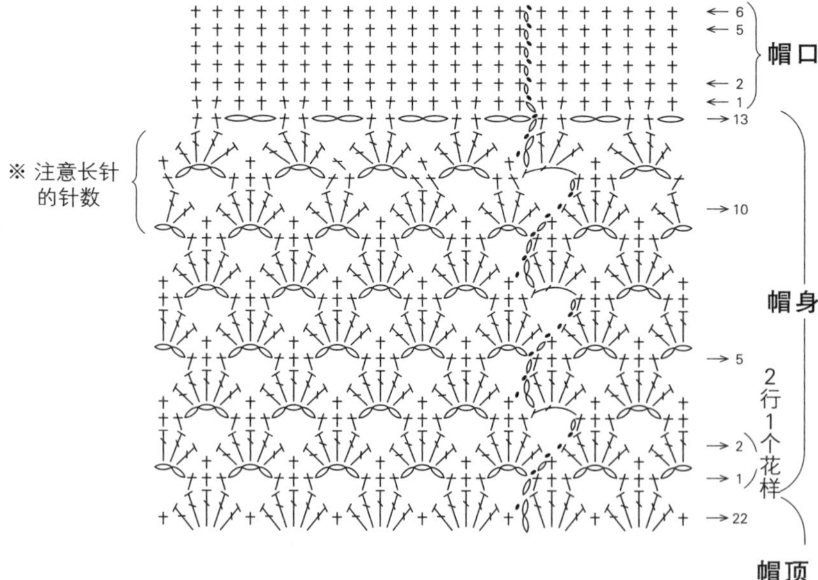

编织花样

帽顶

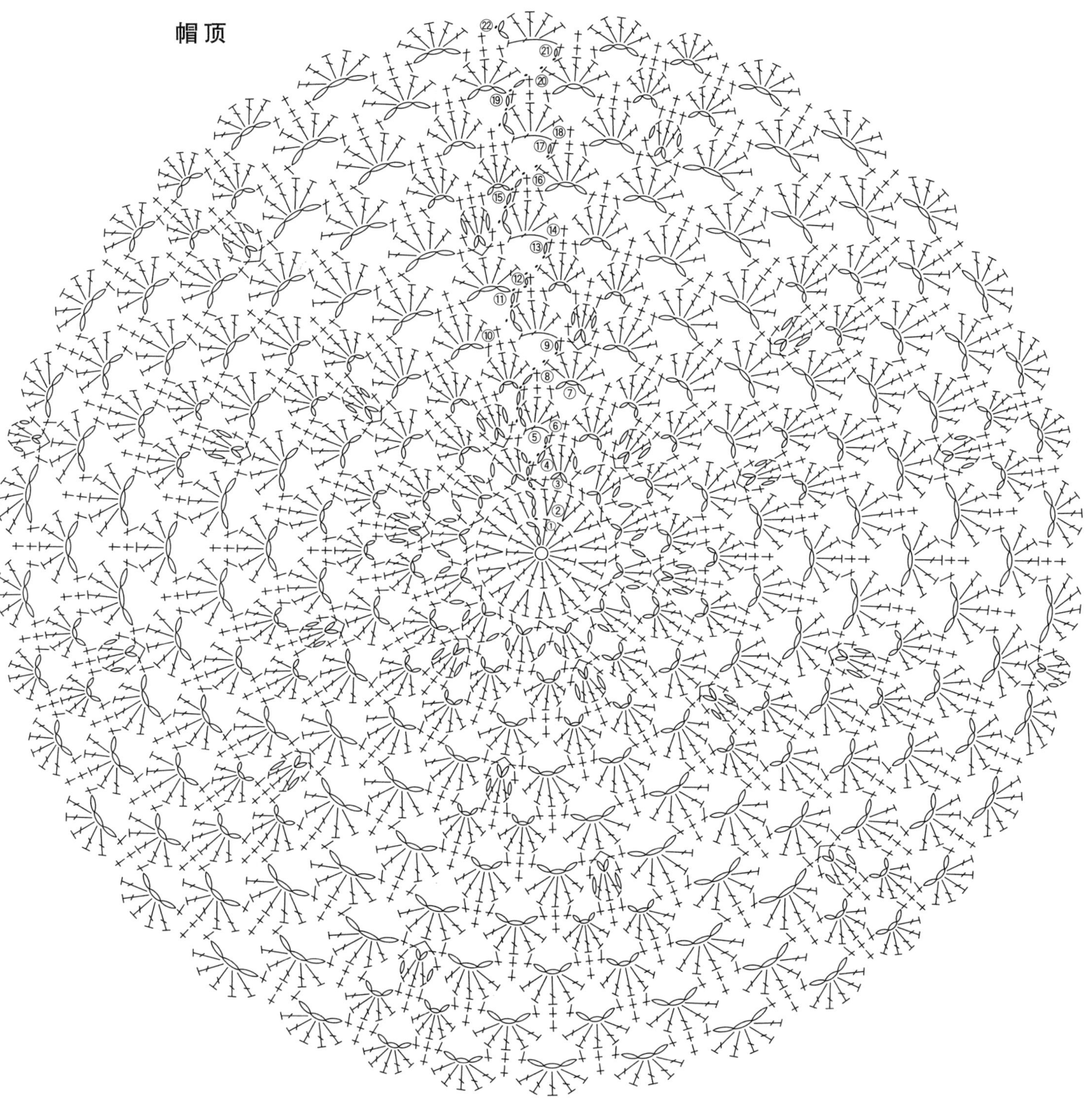

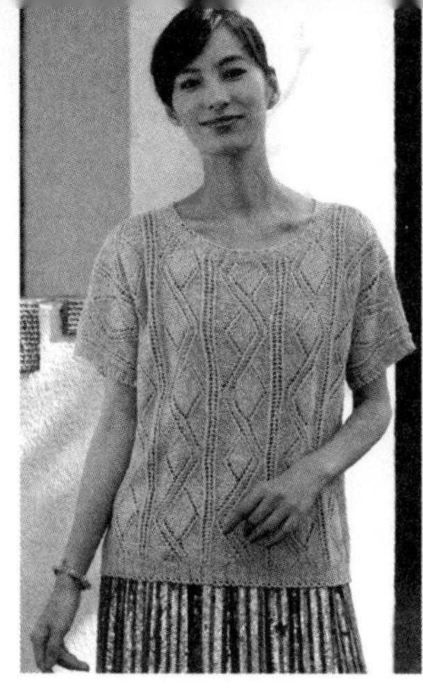

21

26页

●**材料**　Ski Linen Silk（中细）灰粉色（1405）220g=9团

●**工具**　棒针5号、3号，钩针3/0号

●**成品尺寸**　胸围96cm，衣长54.5cm，连肩袖长35cm

●**密度**　10cmx10cm面积内：编织花样28针、34行

●**编织要点**　下摆前、后身片交界处另线锁针起针，整体进行编织花样的编织。袖下的加针为侧边1针内侧编织挂针，下一行挂针处编织扭针。2针以上的加针则在加针侧进行卷针加针。领窝处2针以上的减针编织伏针，1针时立织侧边1针减针，斜肩处引返编织。下摆处拆掉另线锁针，挑起针目，一边分散减针一边编织双罗纹针。使用钩针编织边缘编织。前、后肩部正面相对对齐，盖针接合。领口环形编织双罗纹针和边缘编织B。袖口编织方法和下摆相同，胁部做挑针缝合和下针的无缝缝合。

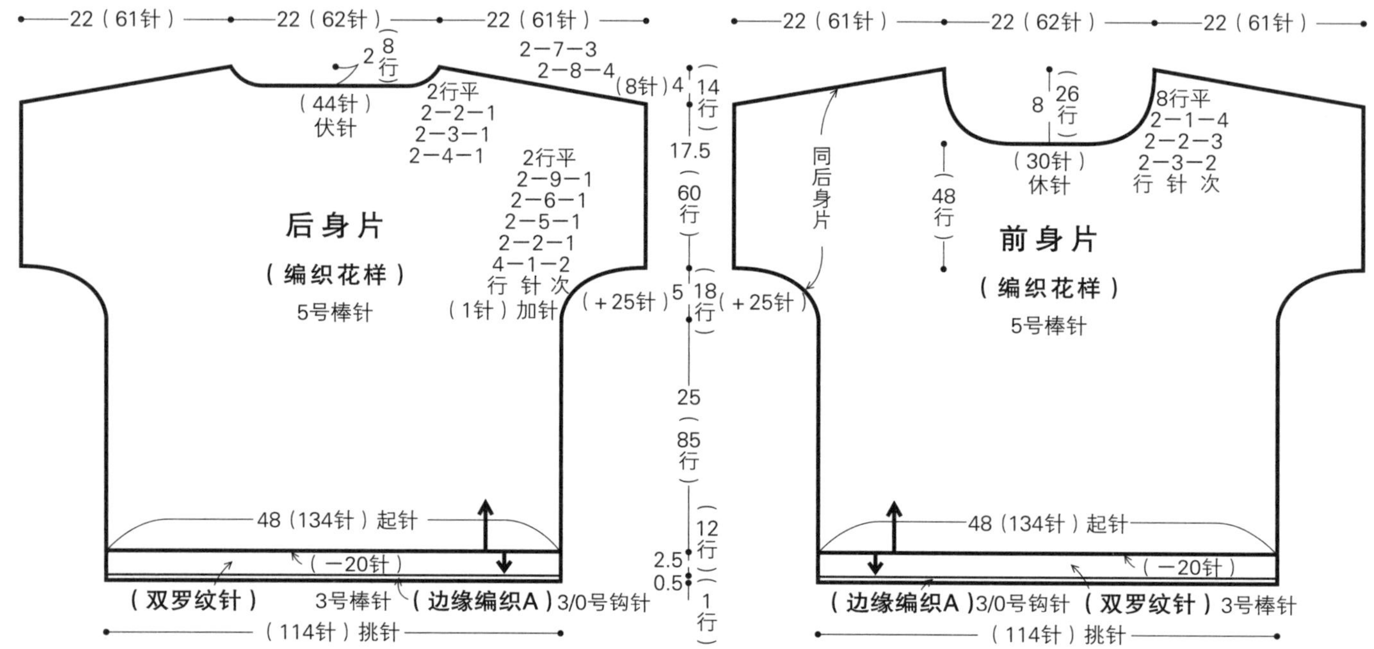

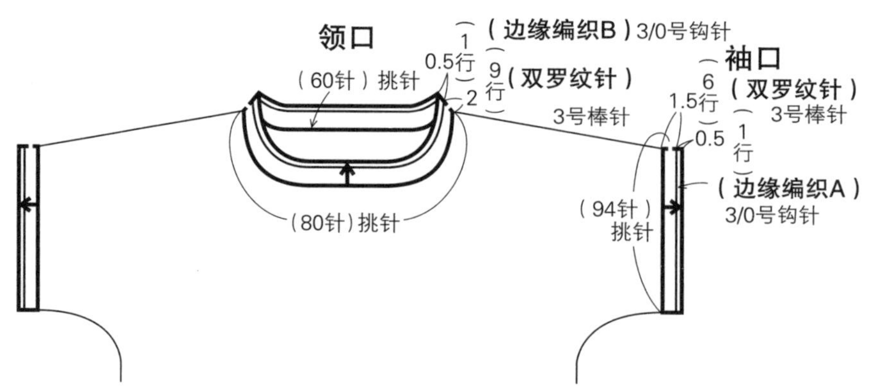

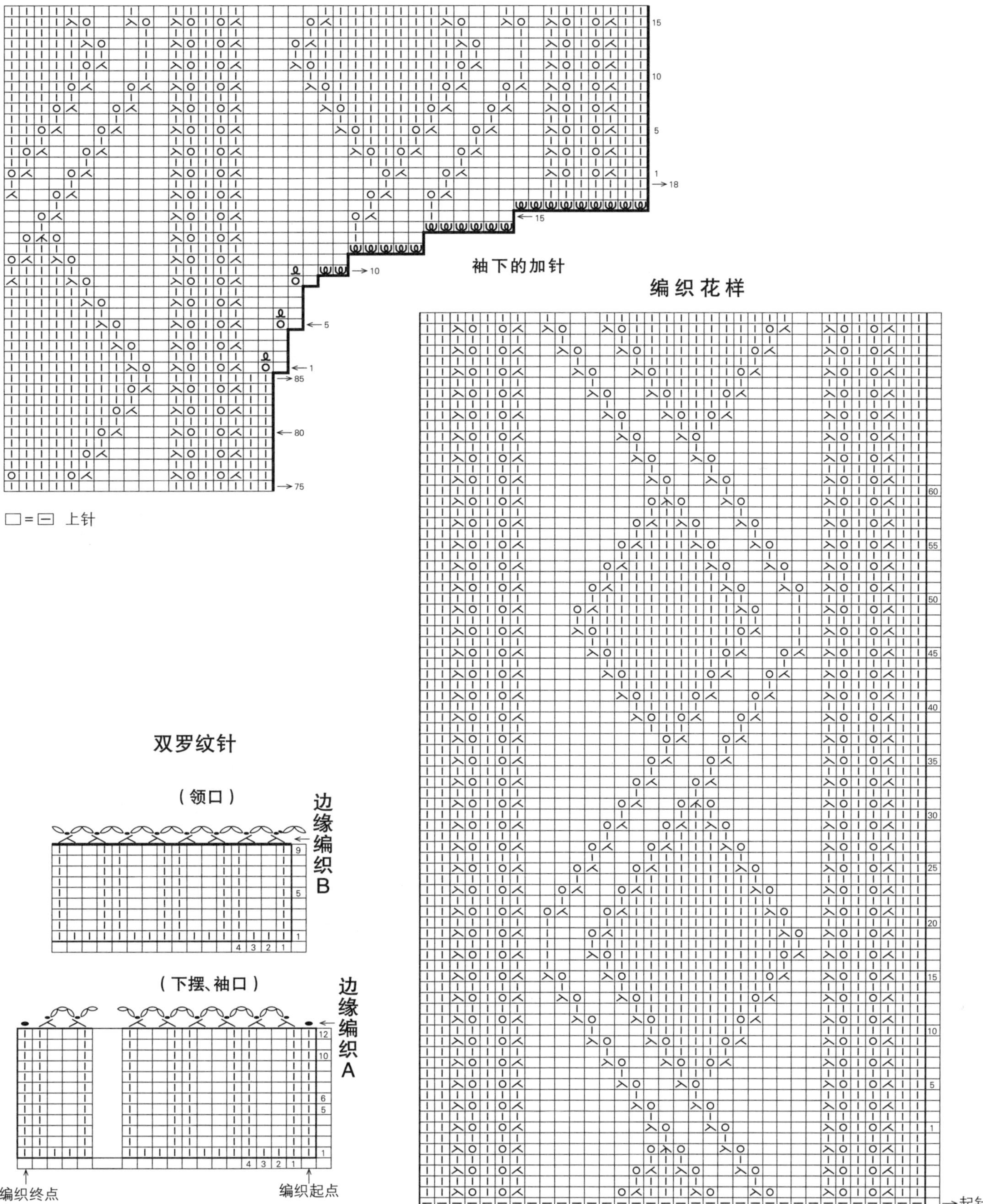
袖下的加针
编织花样
□=⊟ 上针
双罗纹针
（领口）
边缘编织B
（下摆、袖口）
边缘编织A
编织终点
编织起点
□=⊟ 上针
※袖口编织6行双罗纹针
左端
□=⊟ 上针
起针
编织起点

22

28页

●**材料** Ski Islay(中细)深紫混色系(1308) 145g=6团

●**工具** 棒针5号、4号，钩针4/0号

●**成品尺寸** 胸围94cm，衣长52cm，连肩袖长41cm

●**密度** 10cmx10cm面积内：编织花样A 20.5针、28行

●**编织要点** 手指挂线起针，连着前、后身片环形编织编织花样A，编织过程中利用花样分散减针，继续进行编织花样B的编织。身片的最终行于腋下编织伏针，后身片比前身片多往返编织6行。接下来用棒针加出左、右袖子的针数，继续按编织花样B环形编织育克。育克一边编织编织花样B、A'，一边分散减针。领口编织单罗纹针和边缘编织A，下摆利用边缘编织C将边儿处理平整。袖口从指定位置开始挑针编织单罗纹针及边缘编织B。

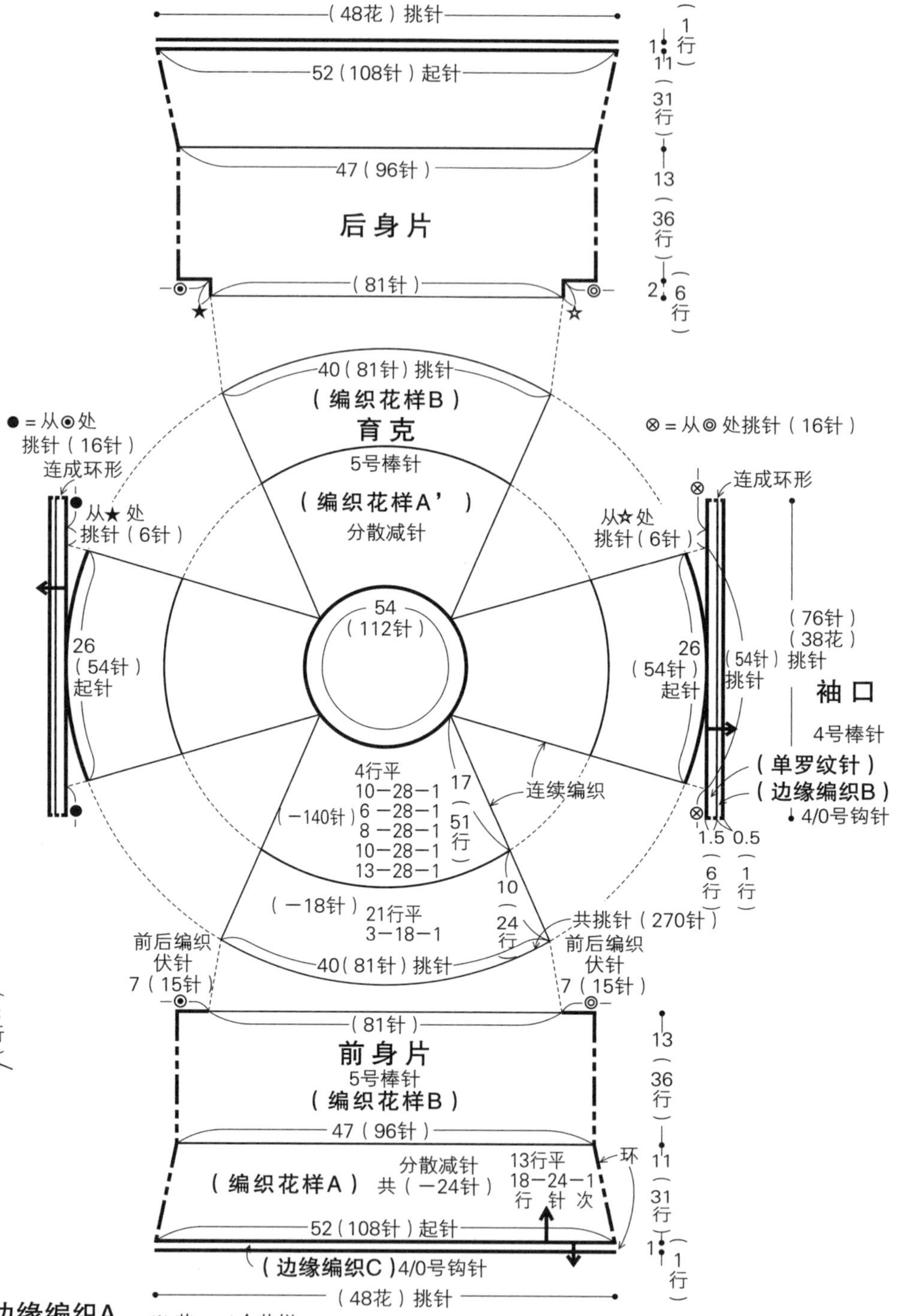

(48花)挑针
1 (1行)
52(108针)起针
11 (31行)
47(96针)
13 (36行)
后身片
(81针)
2 (6行)

40(81针)挑针
(编织花样B)
育克
5号棒针
(编织花样A')
分散减针
● = 从◎处挑针(16针)
连成环形
从★处挑针(6针)
26 (54针) 起针
⊗ = 从◎处挑针(16针)
连成环形
从☆处挑针(6针)
26 (54针) 起针
(54针)挑针
(76针) (38花) 挑针
袖口
4号棒针
(单罗纹针)
(边缘编织B)
4/0号钩针
1.5 (6行) 0.5 (1行)
54 (112针)
4行平
10-28-1
6-28-1
8-28-1
10-28-1
13-28-1
(-140针)
17 (51行)
连续编织
10 (24行)
(-18针)
21行平
3-18-1
共挑针(270针)
40(81针)挑针
前后编织伏针 7(15针)
前后编织伏针 7(15针)

(81针)
前身片
5号棒针
(编织花样B)
13 (36行)
47(96针)
(编织花样A) 分散减针 共(-24针)
13行平
18-24-1
行 针 次
环
11 (31行)
52(108针)起针
1 (1行)
(边缘编织C)4/0号钩针
(48花)挑针
※ 花 = 1个花样

领口

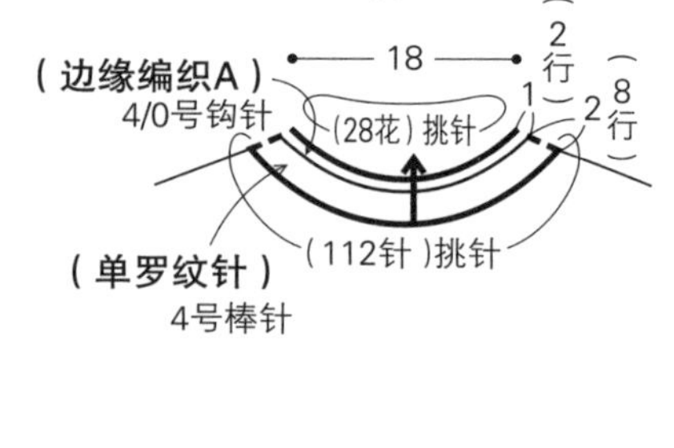

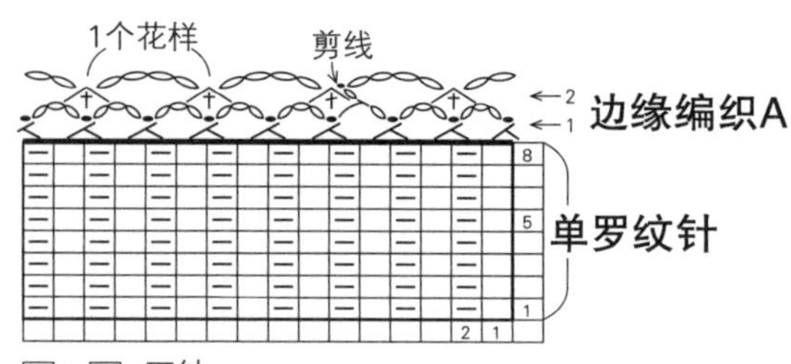

编织花样A'
编织花样B
编织花样A
边缘编织C（下摆）
剪线
1个花样
※ 从编织花样A的1个花样（18针）中挑针8个花样
袖（54针）起针
右胁
从育克继续编织
后身片（81针）
（15针）◎
前身片（81针）
袖口
边缘编织B
单罗纹针
（−18针）
（−24针）
1（起针）
编织起点
编织5针绕2圈的绕线编，下一行将此5针逐一编织（IOIOI）
3针绕线编的编织要领同5针的绕线编
□=Ⅰ
▒=无针

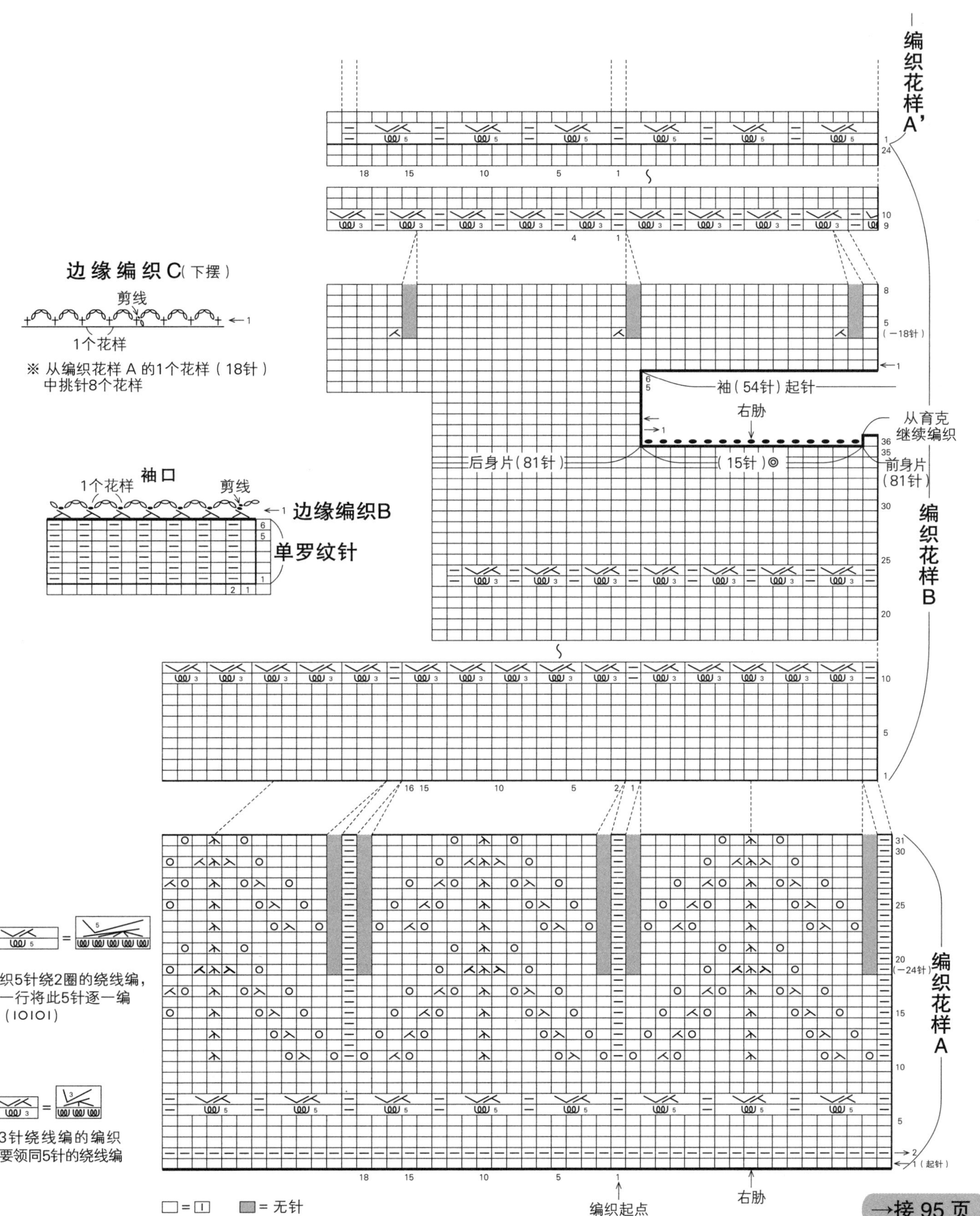

→接95页

●**材料** Ski Liliana（粗）紫灰色系（1507）130g=6团

●**工具** 棒针7号、6号

●**成品尺寸** 胸围92cm，衣长51.5cm，连肩袖长24cm

●**密度** 10cmx10cm面积内：编织花样22针、32行

●**编织要点** 手指挂线起针，从起伏针开始，接下来按编织花样无加减针进行编织。编织过程中针数和行数会产生变化，脱落的针目不计入针数。针目脱落之后，将横向及纵向的线撑开，让渡线形成横向延伸的形状。前领窝参照图解编织，前、后肩部盖针接合，胁部至袖开口止位挑针缝合。领口和袖口环形编织起伏针并进行伏针收针。

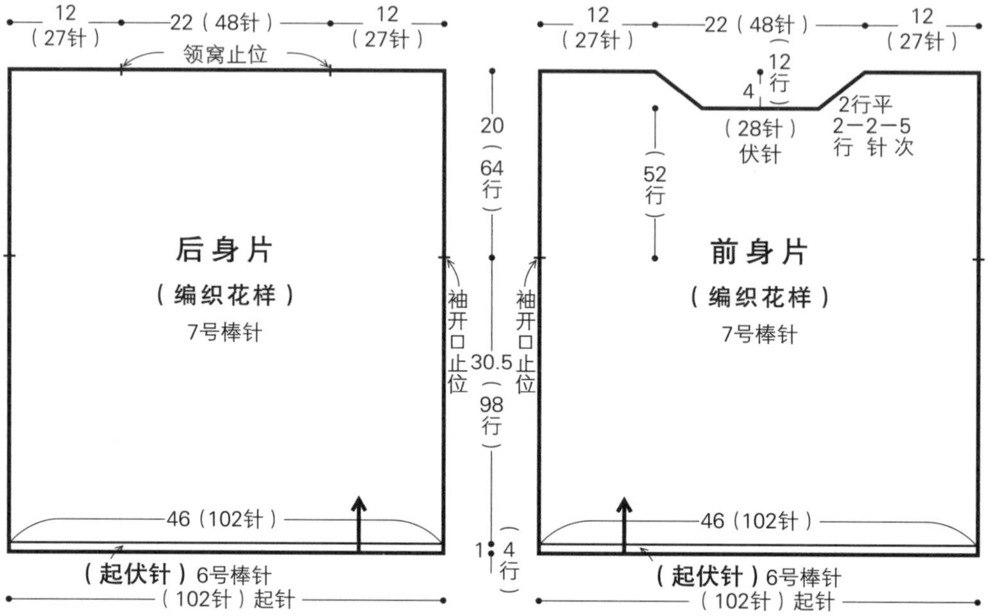

12（27针） 22（48针） 12（27针）
领窝止位
20（64行）
后身片
（编织花样）
7号棒针
袖开口止位
30.5（98行）
46（102针）
1（4行）
（起伏针）6号棒针
（102针）起针

12（27针） 22（48针） 12（27针）
12行
4
（28针）伏针
2行平
2-2-5
行 针 次
52行
前身片
（编织花样）
7号棒针
袖开口止位
46（102针）
（起伏针）6号棒针
（102针）起针

编织花样

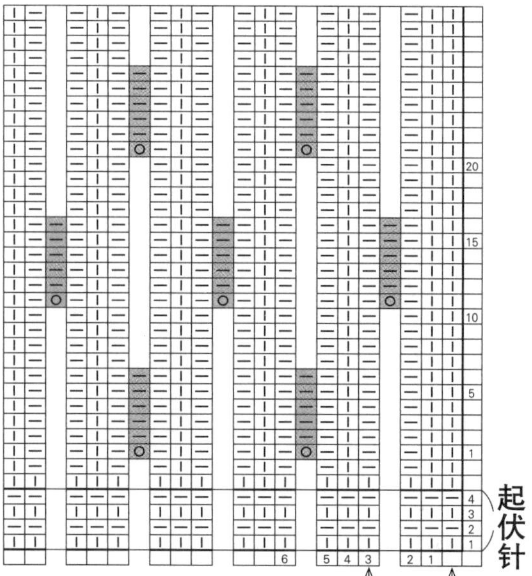

20 15 10 5 1
起伏针 4 3 2 1
6 5 4 3 2 1
□=无针
前身片 后身片
编织起点

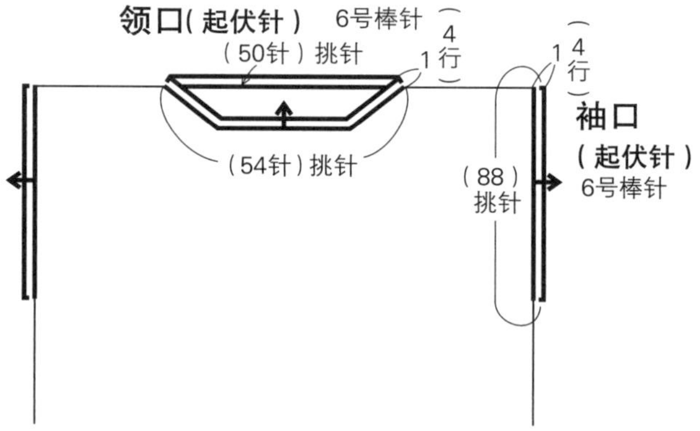

领口（起伏针） 6号棒针
（50针）挑针
1（4行）
（54针）挑针
袖口
（起伏针）
6号棒针
（88）挑针
1（4行）

前领窝

肩（27针）
12 10 5 1
64 60 55 50 45
前中线
（28针）

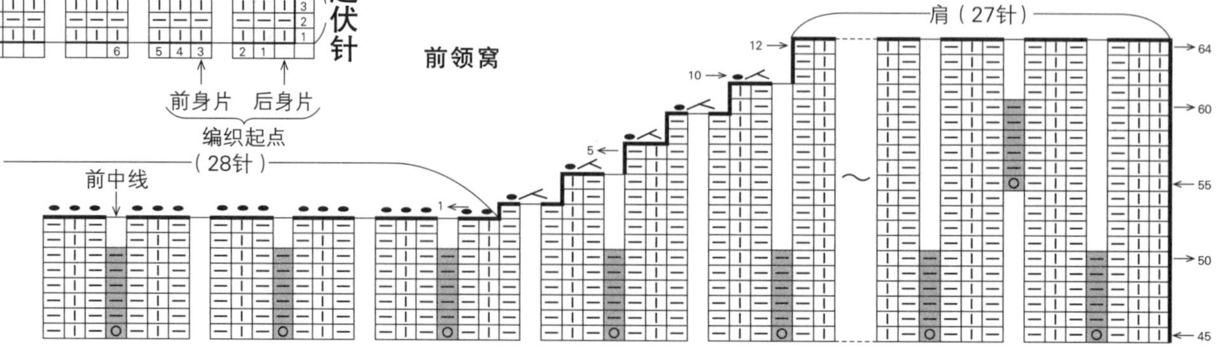

◆作品31 接111页

身片
编织花样B
编织花样A
47
45
10
5
3
2
1
2行1个花样
左端
中线
23针、4行1个花样
4针1个花样
※中线左右对称分配花样
= 长针的正拉针
袖子
15
10
5
1
左端
中线
花样的编织方法
①
②
③
④
在上针之间编织挂针。
编织5行。
下一行放掉挂针
对应的那针上针。
这样就完成了
挂针的脱落。

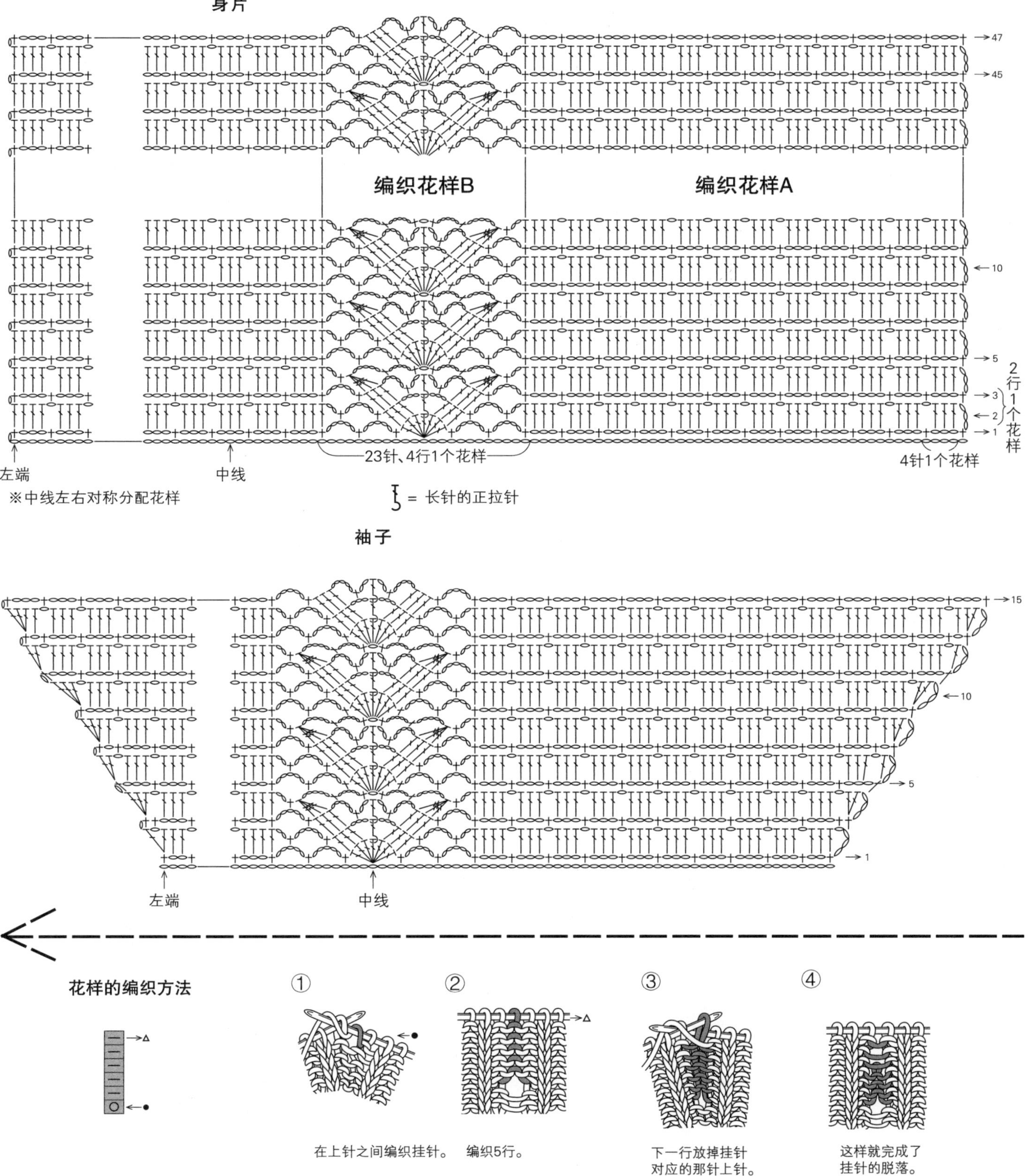

24

30页

●**材料** Ski Palace（粗）酒红色+黄色系（1604）260g=9团

●**工具** 棒针5号、4号

●**成品尺寸** 胸围94cm，肩宽35cm，衣长55cm，袖长41.5cm

●**密度** 10cmx10cm面积内：下针编织、配色花样24.5针、32行

●**编织要点** 身片使用手指挂线起针，先编织起伏针，再根据图解编织下针编织和纵向渡线的配色花样。同样的段染线同时使用5团，按照颜色深浅来排列渡线效果最好。袖子使用和身片同样的方法分三部分编织，但配色花样只有中间的菱形部分。袖下于侧边1针内侧编织扭针加针。2针以上的减针编织伏针，1针的减针立织侧边1针减针。前、后肩部引拔接合，领口环形编织起伏针，伏针收针。胁和袖下挑针缝合，袖子与身片引拔接合。

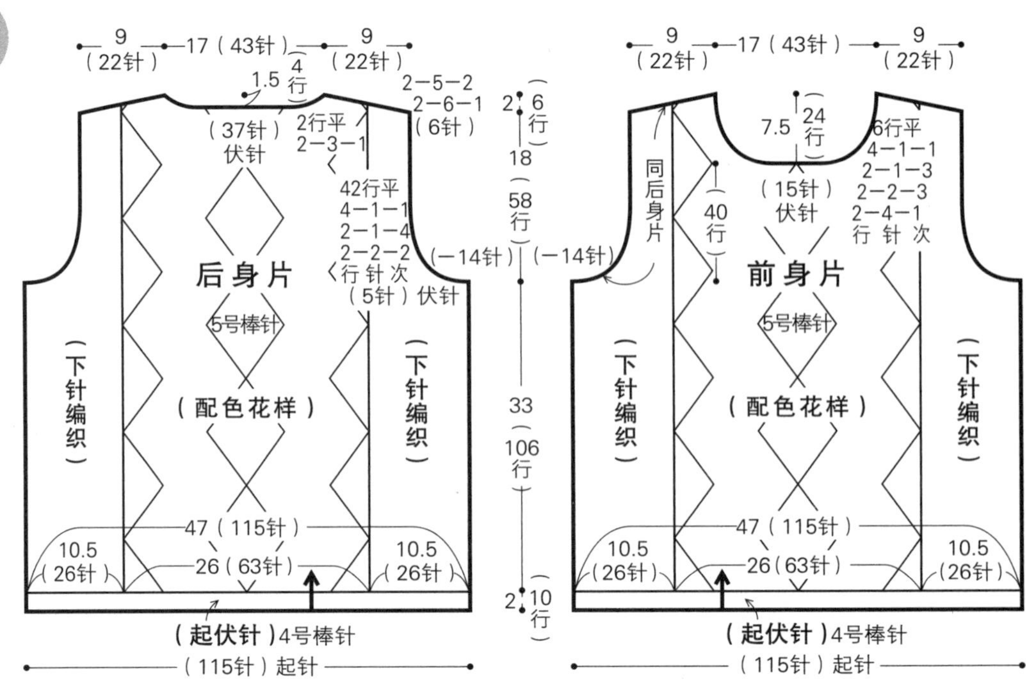

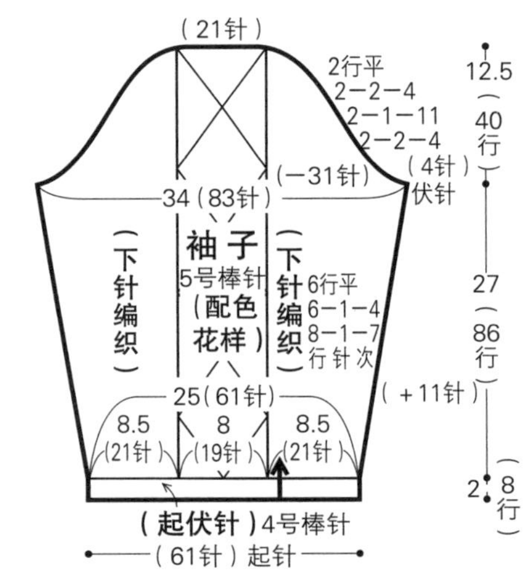

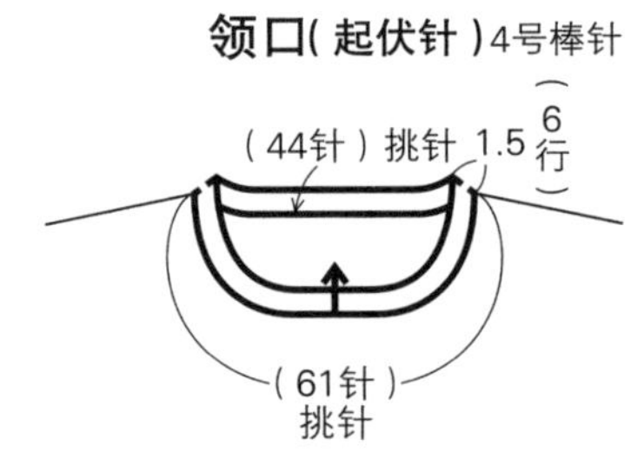

纵向渡线的配色花样

正面编织的行

①

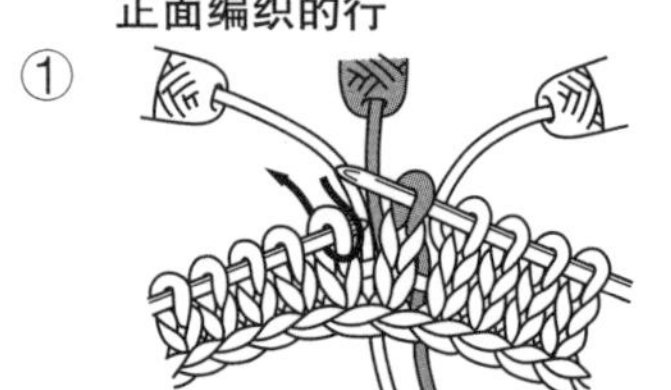

在变换颜色的位置分别接上线。

反面编织的行

②

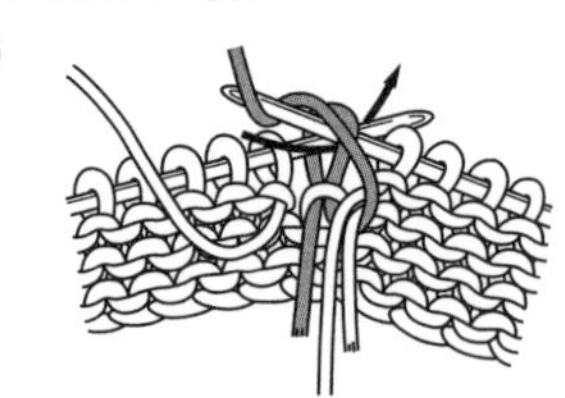

在变换下一团毛线时，要从刚织好的线的下方拉起新线与其交叉。

③

在变换下一团毛线时，从刚织好的线的下方拉起新线与其交叉。

正面编织的行

④

在变换下一团毛线时，从刚织好的线的下方拉起新线与其交叉。

⑤

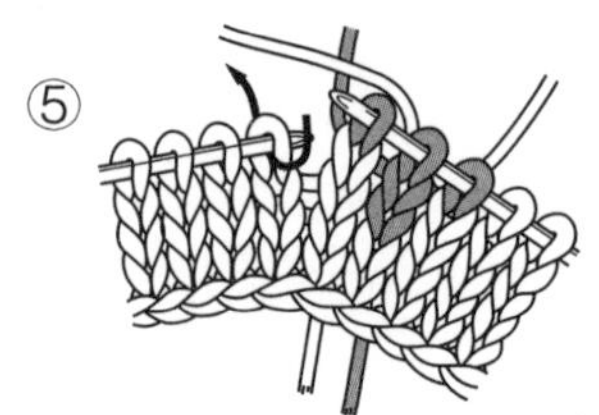

在变换下一团毛线时，从刚织好的线的下方拉起新线与其交叉。

⑥

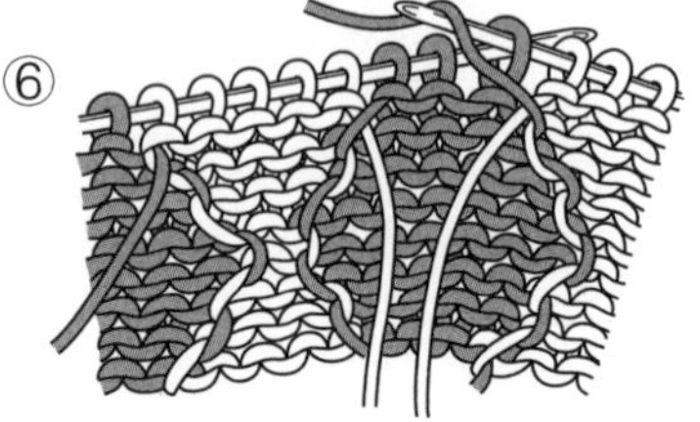

在编织过程中反面的状态。交接处的线总是交叉的。

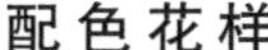

配色花样

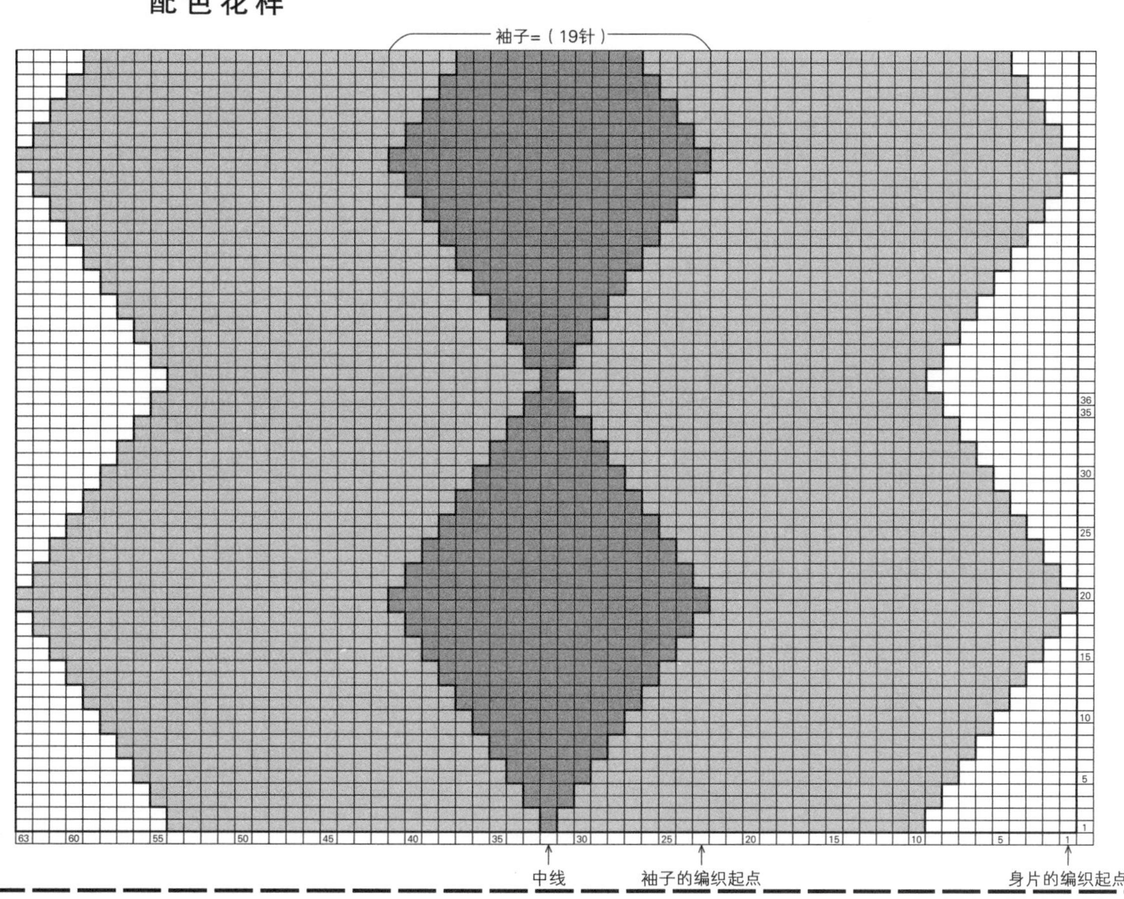

◆作品22 接91页

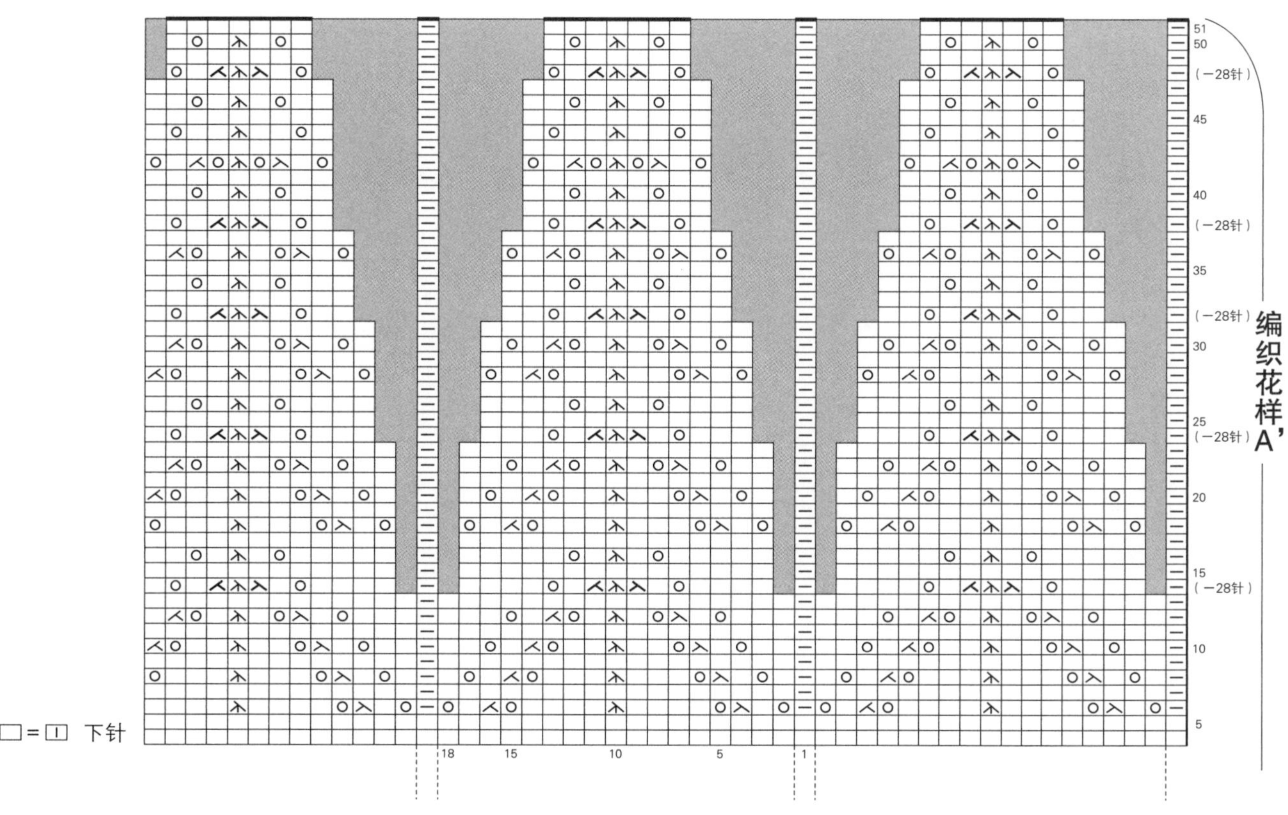

●**材料**　Ski Iris（中细）黄色系（213）135g=5团

●**工具**　棒针15号，钩针10/0号

●**成品尺寸**　宽44cm，长129cm（含流苏）

●**密度**　10cmx10cm面积内：桂花针 16针、20行

●**编织要点**　另线锁针起针，从里山挑针，编织双罗纹针。第44行完成后，将织片对折，拆除另线锁针，交互穿起第44行与第1行的针目（共140针）。桂花针部分的第1行，全部编织左上2针并1针，针数变为70针。最后编织起伏针，松松地进行伏针收针。起伏针部分连接23束流苏。

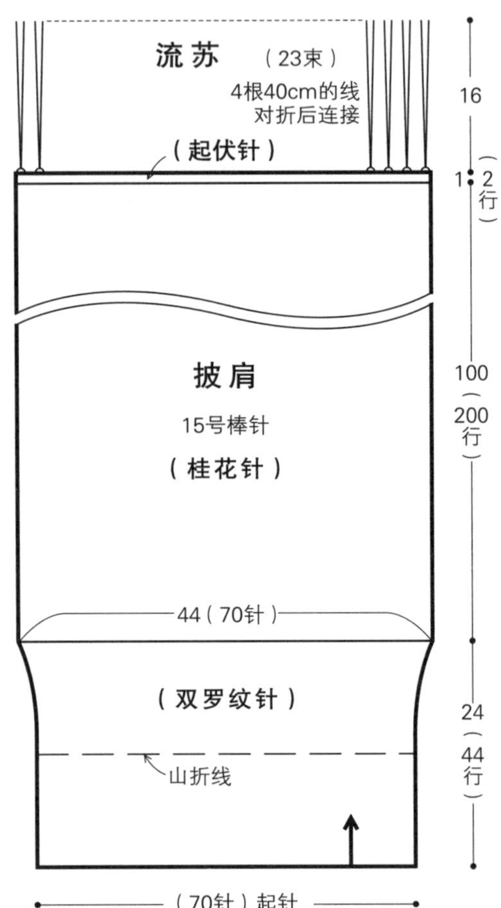

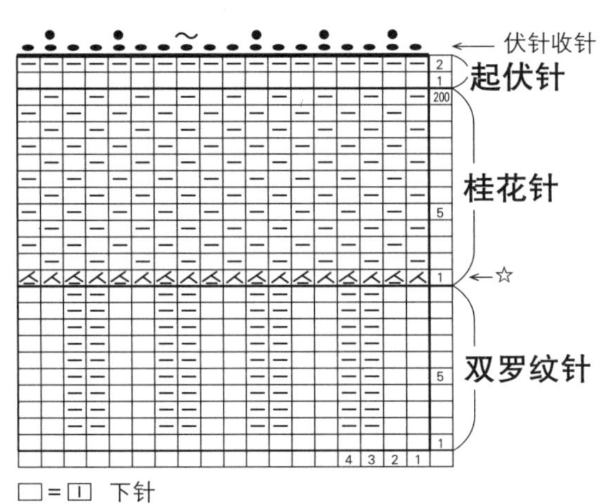

☆ = 将另线拆除，挑起第1行的针目挂到棒针上，织2针并1针

● = 流苏的连接位置

流苏的连接方法

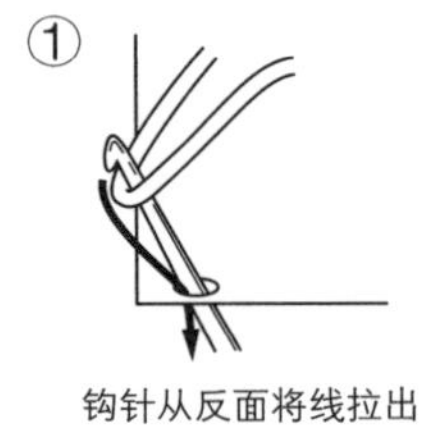

钩针从反面将线拉出

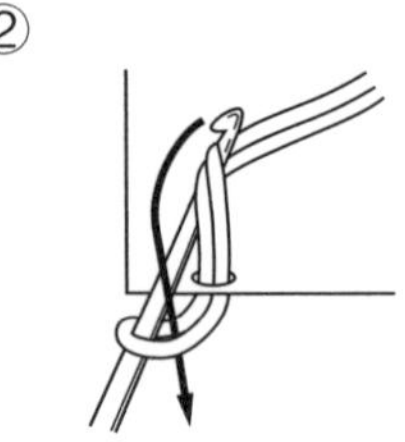

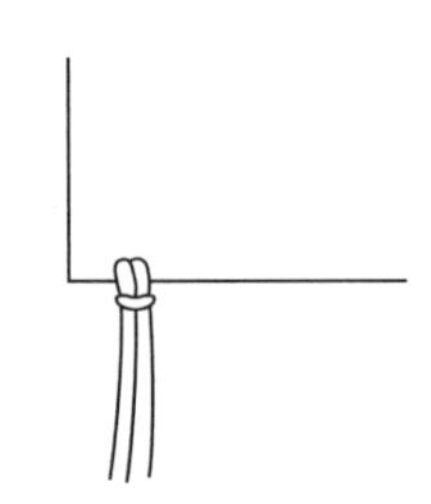

32

39页

●**材料** Ski Linen Silk（中细）茶色（1413）160g=7团、驼色（1402）65g=3团、淡绿色（1409）60g=3团

●**工具** 钩针4/0号、5/0号

●**成品尺寸** 胸围96cm，衣长58cm，连肩袖长27cm

●**密度** 1个花样2.8cm×10cm（14.5行）（4/0号钩针）

●**编织要点** 下摆处锁针起针，从里山挑针开始钩织，条纹花样在钩织开始时调整好密度。变换配色线时，不断线直接纵向渡上去钩织。袖窿的减针和加针见图1，后领窝见图2，前领窝见图3。前、后肩部对齐做卷针缝，胁部进行引拔针和锁针的接合。使用茶色线进行组合。下摆、袖口、领口分别环形钩织条纹边缘编织。

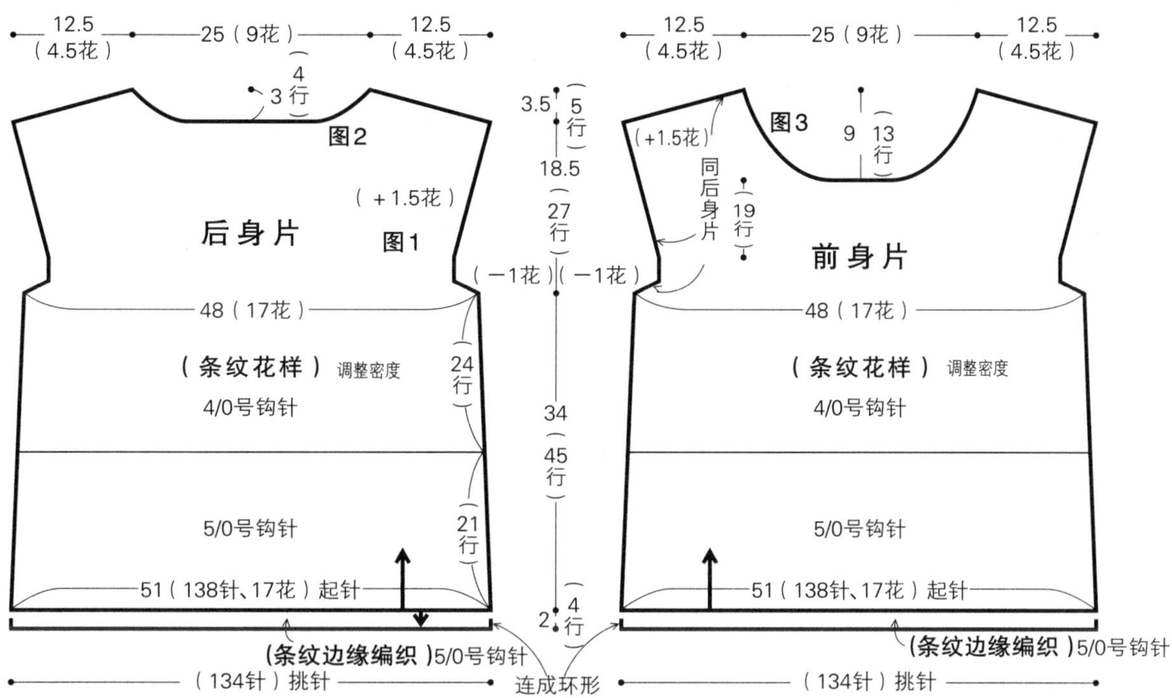

※ 花 ＝ 1个花样

领口、袖口（条纹边缘编织）4/0号钩针

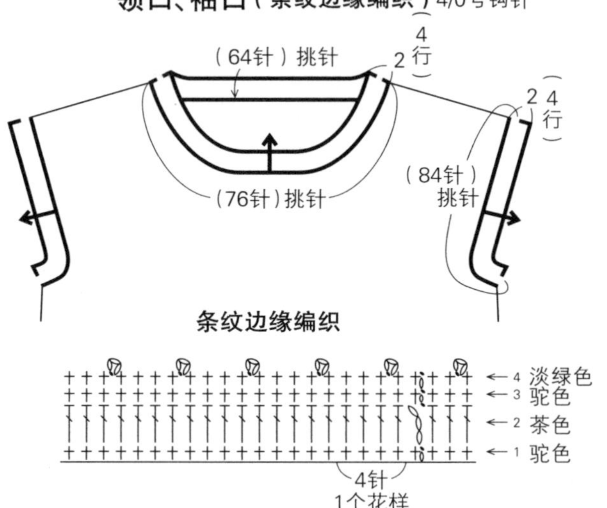

条纹花样

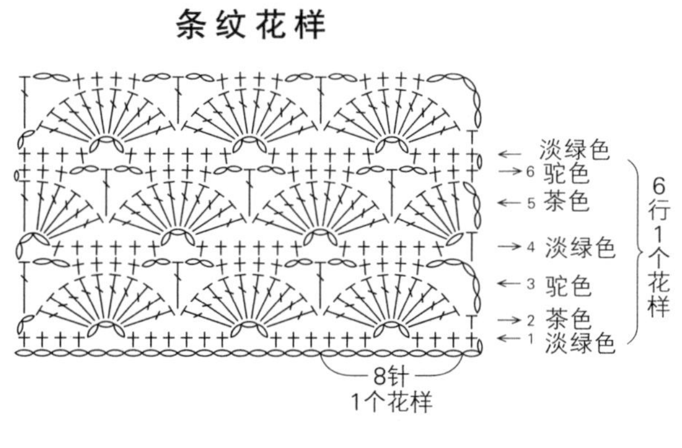

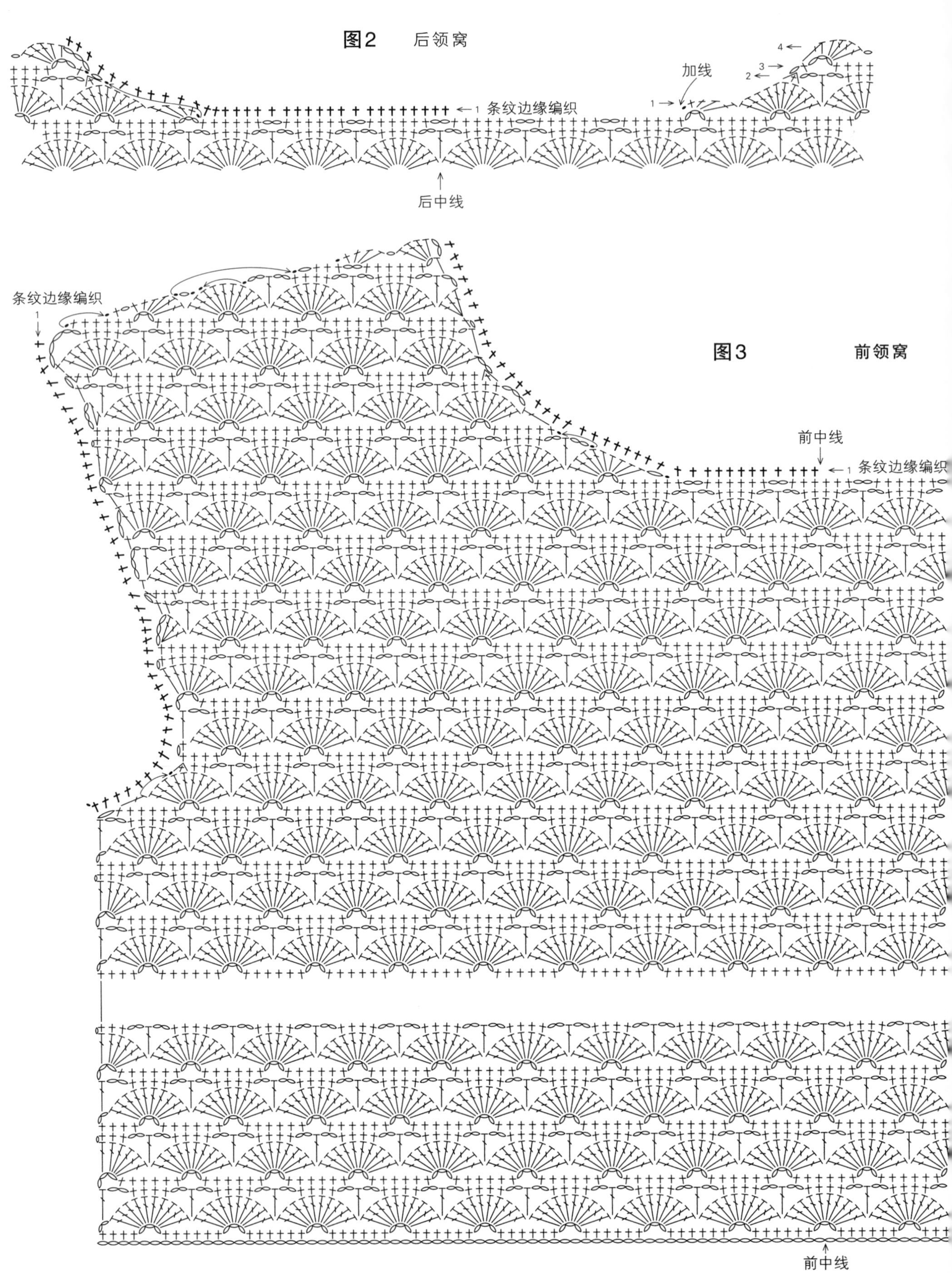

图2 后领窝
条纹边缘编织
加线
后中线
图3 前领窝
条纹边缘编织
前中线
条纹边缘编织
前中线

图1
袖窿

6 驼色
5 茶色
4 淡绿色
3 驼色
2 茶色
1 淡绿色

在编织过程中渡线

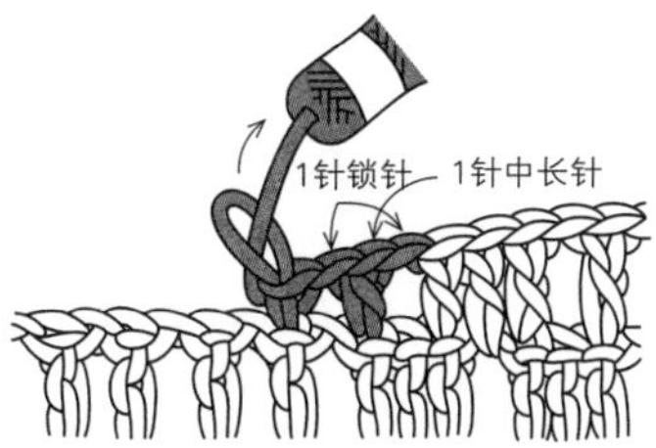

第1行完成，钩针拿出，将线圈扩大，穿过线团，打结固定。

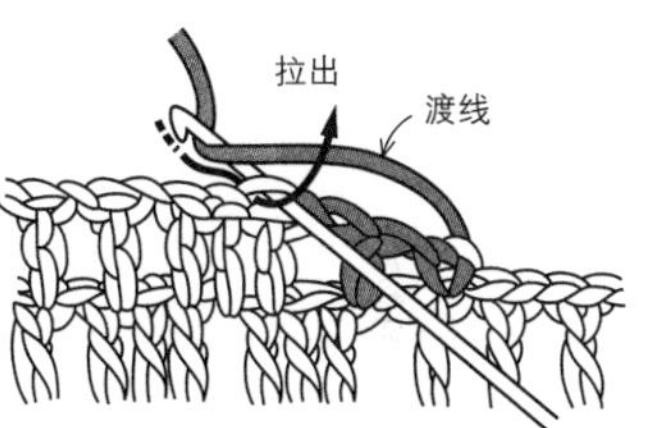

织片翻面钩织第2行，从指定位置将线拉出，继续钩织。

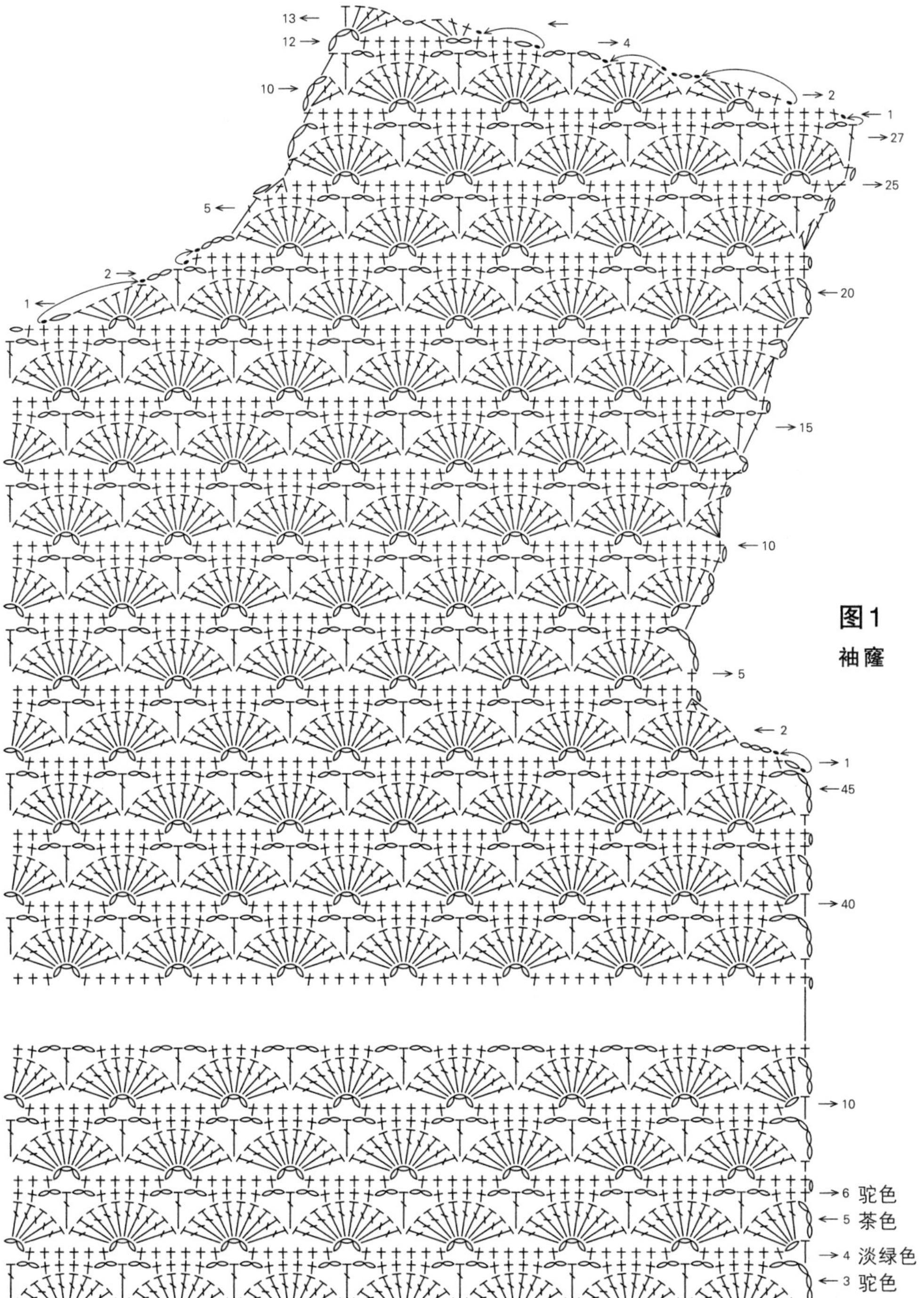

●**材料**　Ski Islay（中细）浅蓝色系（1304）220g=9团

●**工具**　棒针4号、3号

●**成品尺寸**　胸围94cm，衣长55cm，连肩袖长49cm

●**密度**　10cmx 10cm面积内：下针编织22针、32行，编织花样A 21.5针、34行

●**编织要点**　身片从下摆处开始编织，手指挂线起针，先编织上针编织，接下来按照编织花样无加减针编织。然后做下针编织，肋部立织侧边1针减针。插肩线处分别为编织花样B、B'，从边端开始一边减针4针一边编织插肩线，剩余的针目编织伏针。袖子采用和身片同样的起针法，依次编织上针编织、下针编织，插肩线处用同样的方法减针，最后领窝弧线处编织下针编织，通过伏针和立织侧边针目减针。袖下的伏针和身片、袖子挑针缝合。插肩线处挑针缝合，肋部、袖下挑针缝合，领口编织边缘编织，最后编织上针的伏针收针。

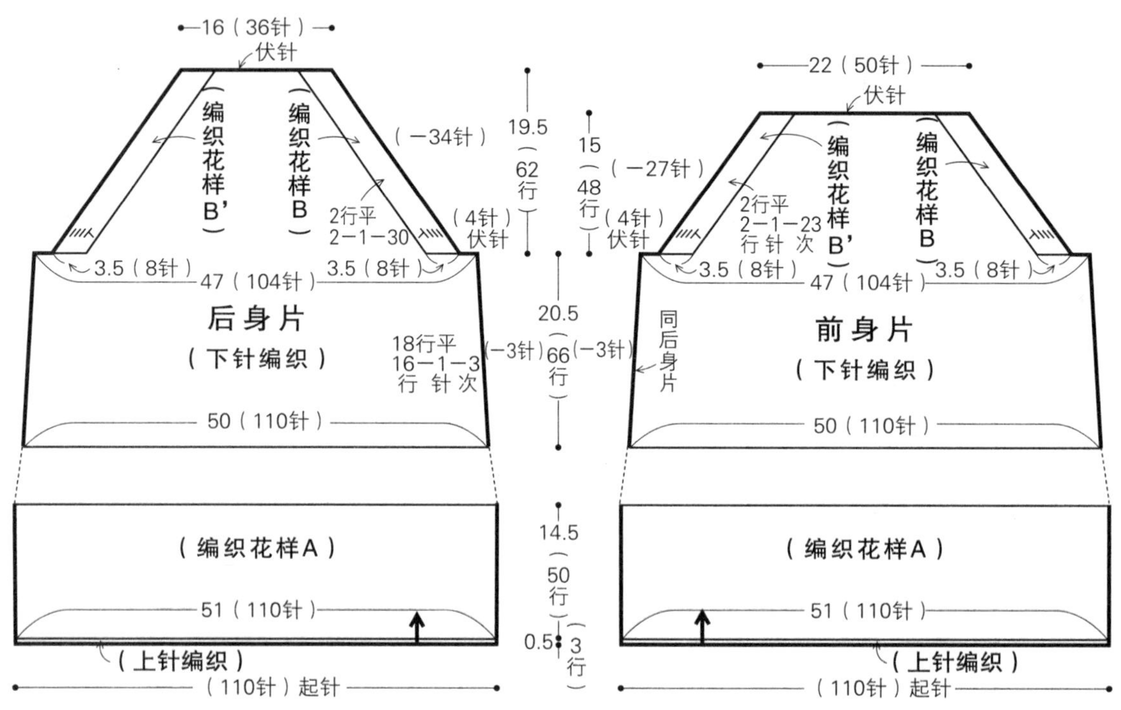

※ 除指定外均使用4号棒针编织

编织花样B'

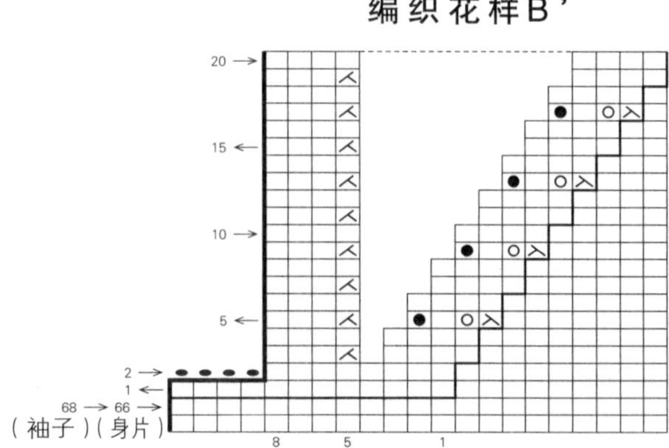

编织花样B

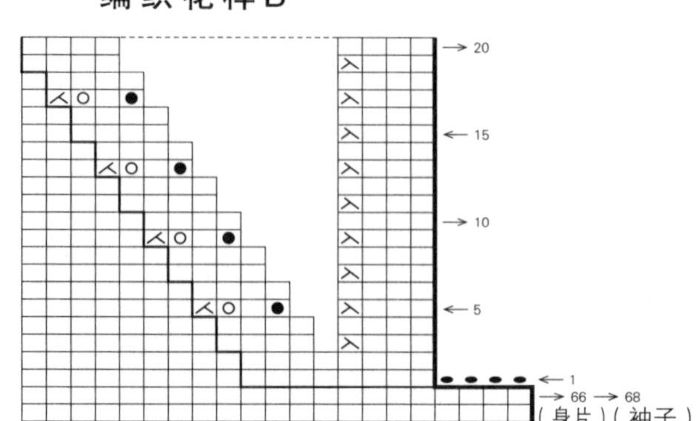

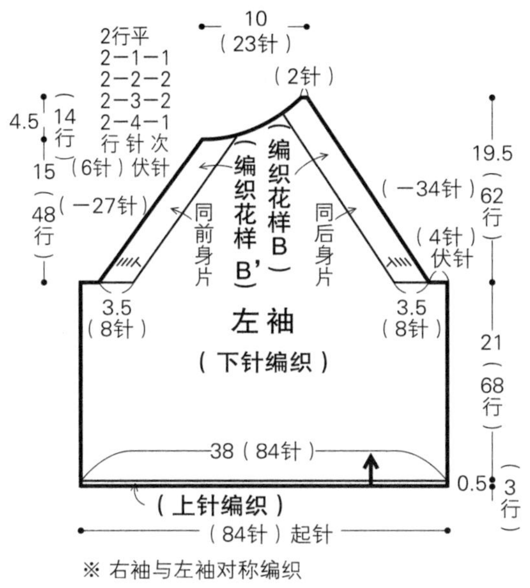
10
(23针)
(2针)
2行平
2-1-1
2-2-2
2-3-2
2-4-1
行针次
(6针)伏针
4.5
14行
15
48行
(-27针)
(编织花样B')
(编织花样B)
同前身片
同后身片
19.5
(-34针)
62行
(4针)伏针
3.5
(8针)
3.5
(8针)
左袖
(下针编织)
21
68行
38(84针)
0.5
3行
(上针编织)
(84针)起针
※ 右袖与左袖对称编织

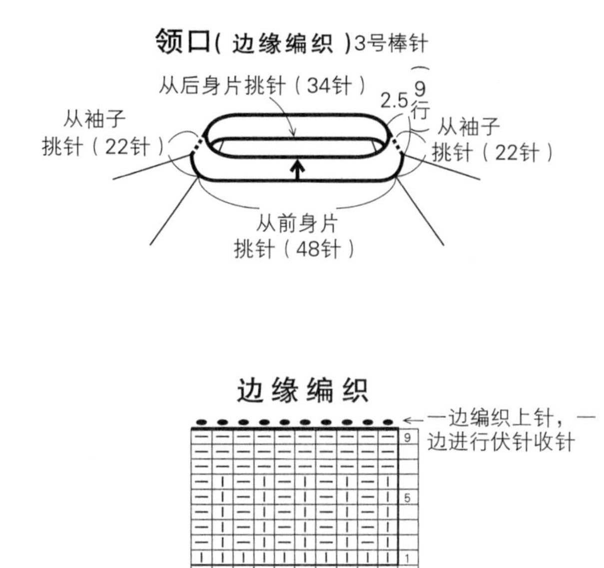
领口(边缘编织)3号棒针
从后身片挑针(34针)
2.5
9行
从袖子挑针(22针)
从袖子挑针(22针)
从前身片挑针(48针)
边缘编织
一边编织上针，一边进行伏针收针

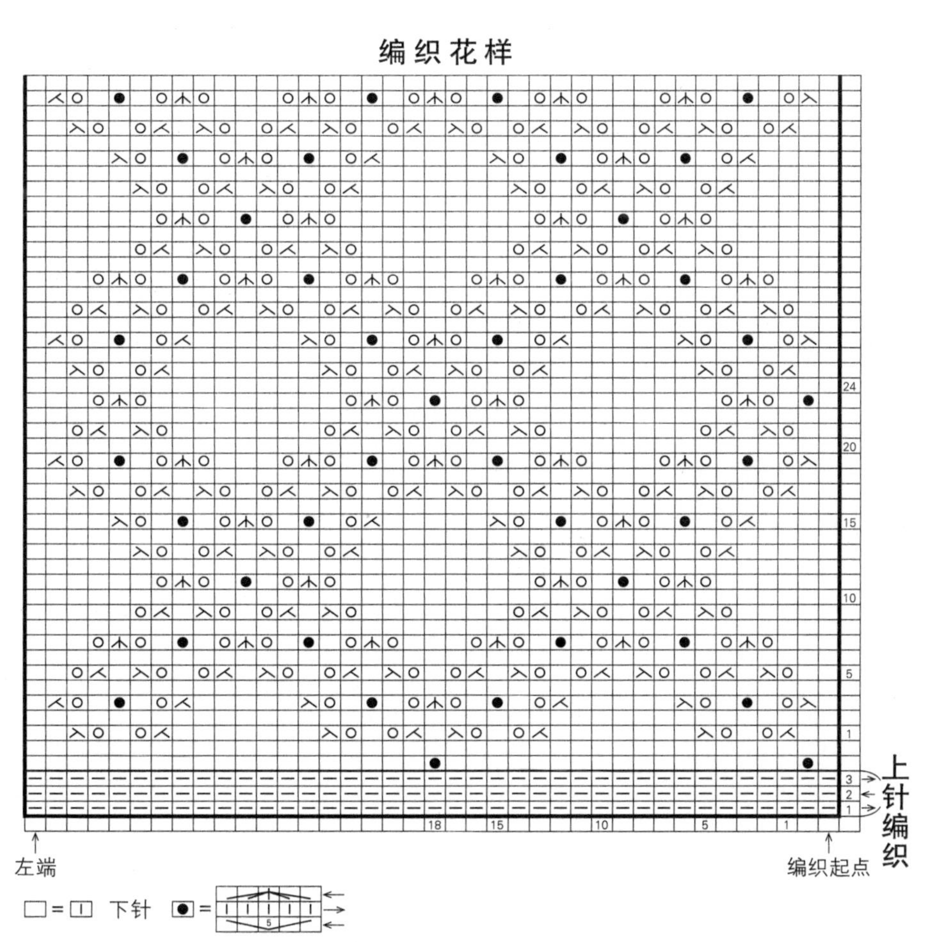
编织花样
上针编织
左端
编织起点
□=□ 下针
●=

●材料 Ski Palace（粗）红色系Vivid（1606）310g=11团

●工具 钩针4/0号

●成品尺寸 胸围92cm，衣长57cm，连肩袖长25.5cm

●密度 10cmx10cm面积内：编织花样27针、12行

●编织要点 从身片的下半部分开始，横向钩织。锁针起针，从锁针的里山挑针，无加减针按编织花样钩织。上半部分从胸前交界处的行边挑针进行编织花样的钩织。参考图解进行袖窿的加针及领窝、斜肩的钩织。前、后肩部做卷针缝，胁部进行引拔针和锁针的接合。下摆环形钩织边缘编织A，领口和袖口环形钩织边缘编织B，注意边缘编织均从反面挑针。

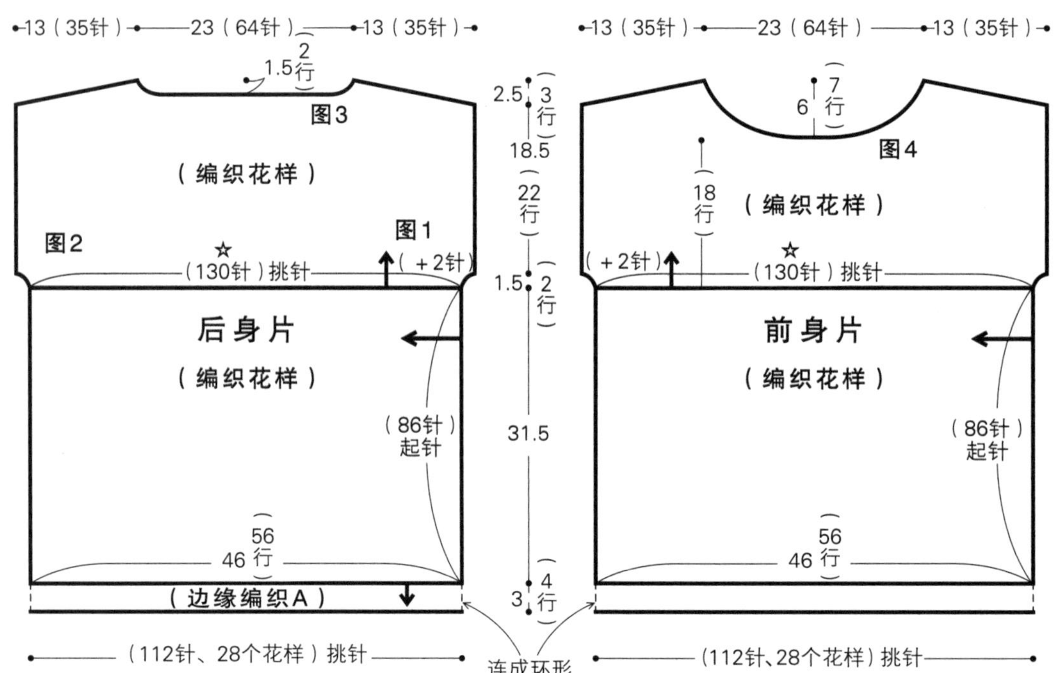

☆从下侧每4行挑3个花样，共挑出42个花样，并从两端挑针（参照图解）

※ 全部使用4/0号钩针编织

编织花样

2行1个花样

3针1个花样

● =从胸前交界处挑针（分开针目挑针）

边缘编织A

边缘编织B

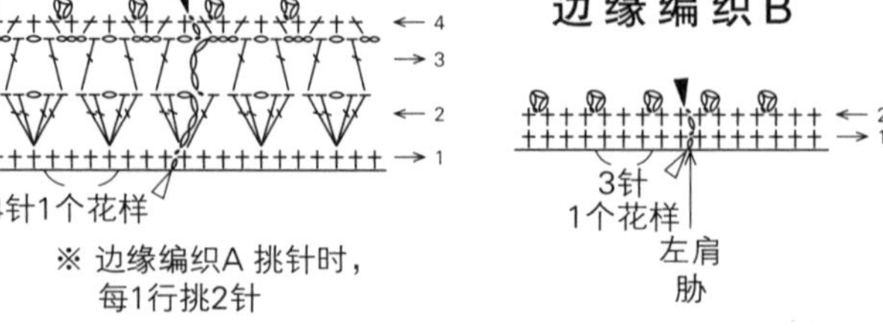

边缘编织B
斜肩
边缘编织B
图4 前领窝
前中线
※ 领口的边缘编织 B 左右对称钩织
▷ = 加线
◀ = 剪线
= 渡线

后中线
图3
后领窝
斜肩
边缘编织B
边缘编织B
领口、袖口(边缘编织B)
(55针) 挑针
2
1行
(68针) 挑针
(90针)
挑针
1 2
行
图2
袖口
图1
袖口

3针锁针的狗牙拉针

①
从头部半针和
足部的1根线
入针
②
拉出
③
钩织短针
④

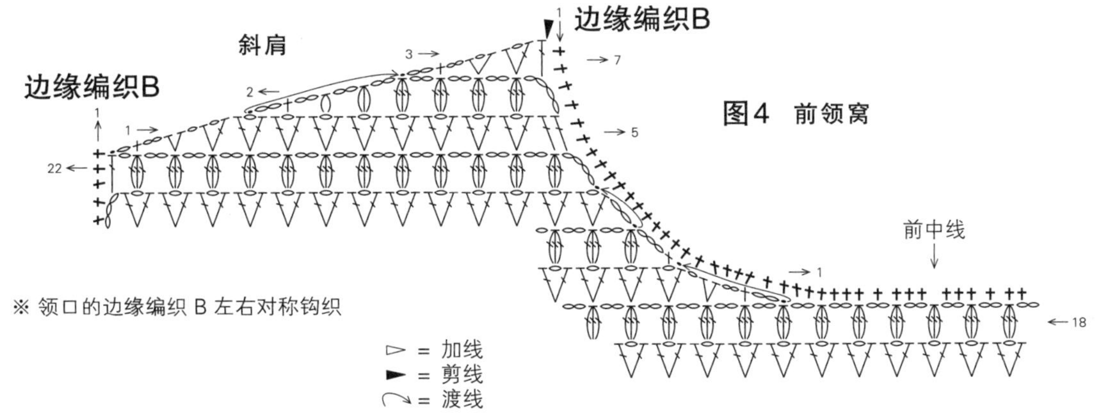

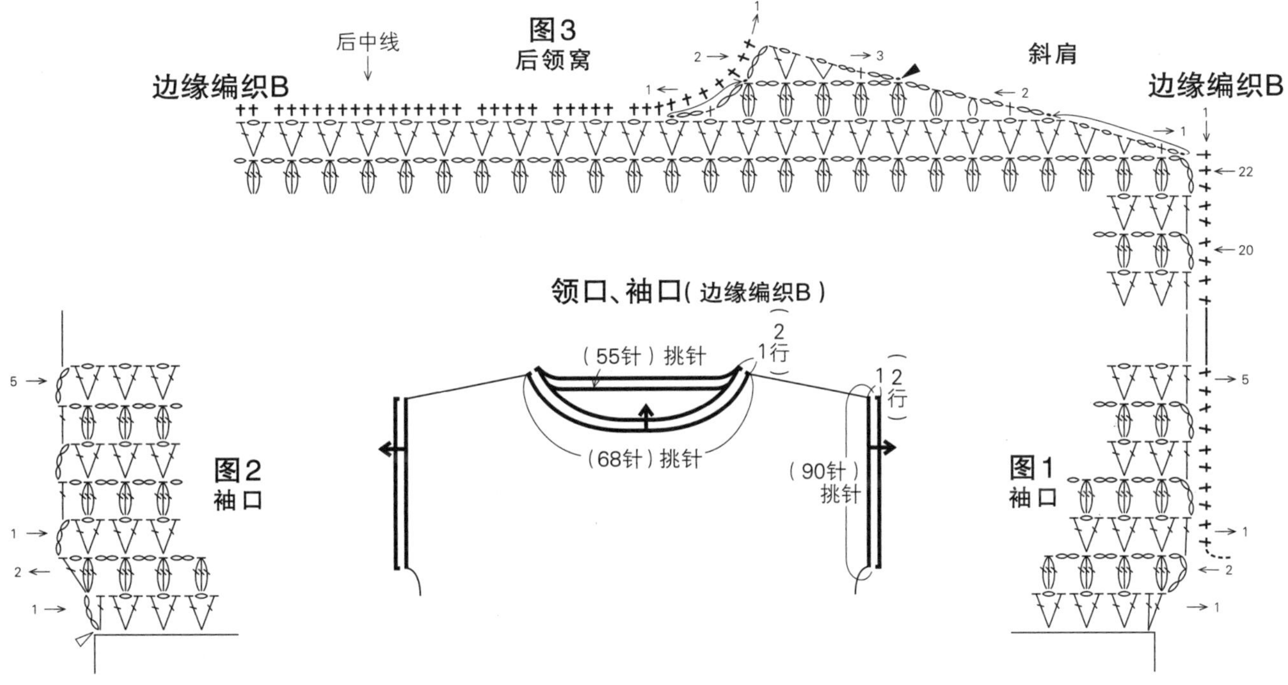

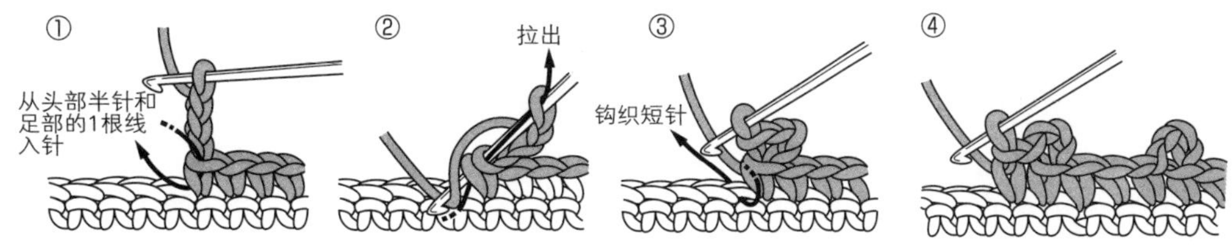

●材料　Ski Iris（中细）绿色系（214）235g=8团

●工具　棒针5号

●成品尺寸　胸围104cm，衣长53cm，连肩袖长26cm

●密度　10cmx10cm面积内：编织花样A 26.5针、29行

●编织要点　前、后身片形状一致。为了让下摆呈现锯齿状，手指挂线起针时不能太紧。两端各6针从始至终按编织花样 B 编织，中间先编织编织花样 A'，接下来变成编织花样A，绕线编均为绕3圈，有下针和上针的不同情况，注意在反面行操作时的方法。领口变为起伏针，与身片同时编织。肩部盖针接合，胁部从下摆开口止位至袖开口止位挑针缝合。

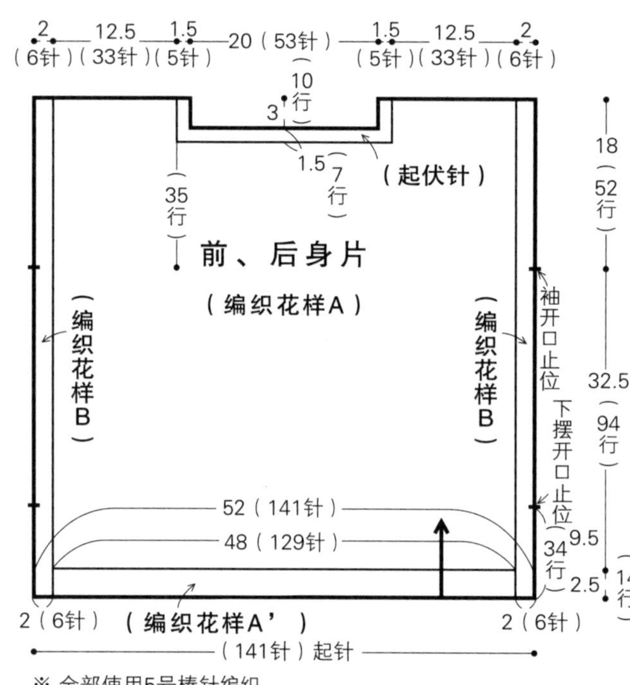

※ 全部使用5号棒针编织

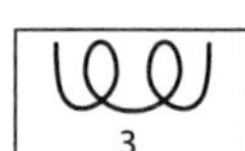

☆上针的绕3圈的绕线编方法基本相同，只需步骤①编织上针、步骤②编织下针即可

绕线编（绕3圈）

①

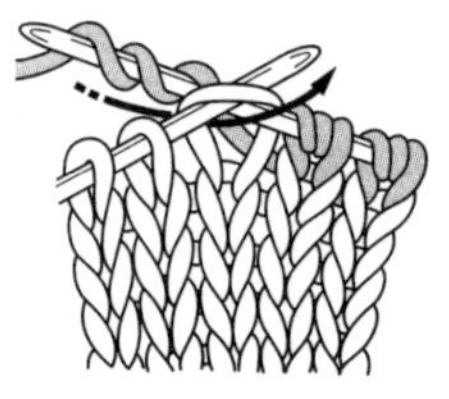

右棒针插入，绕3圈线并拉出。

②

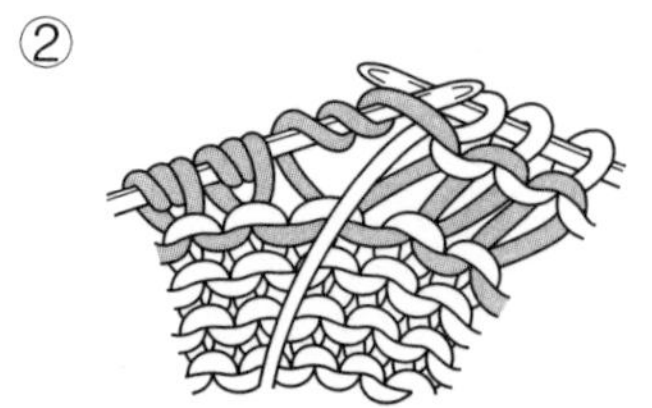

下一行，右棒针从后向前插入，织上针，左棒针从绕的3圈线中退出。

③

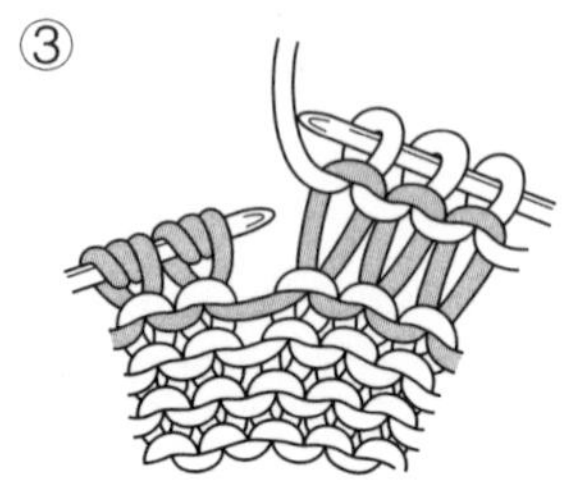

绕3圈的绕线编完成。

编织花样B

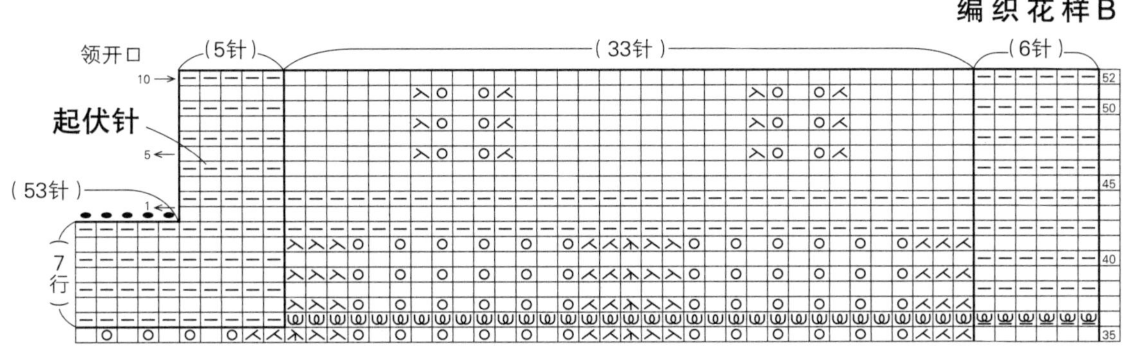

编织花样

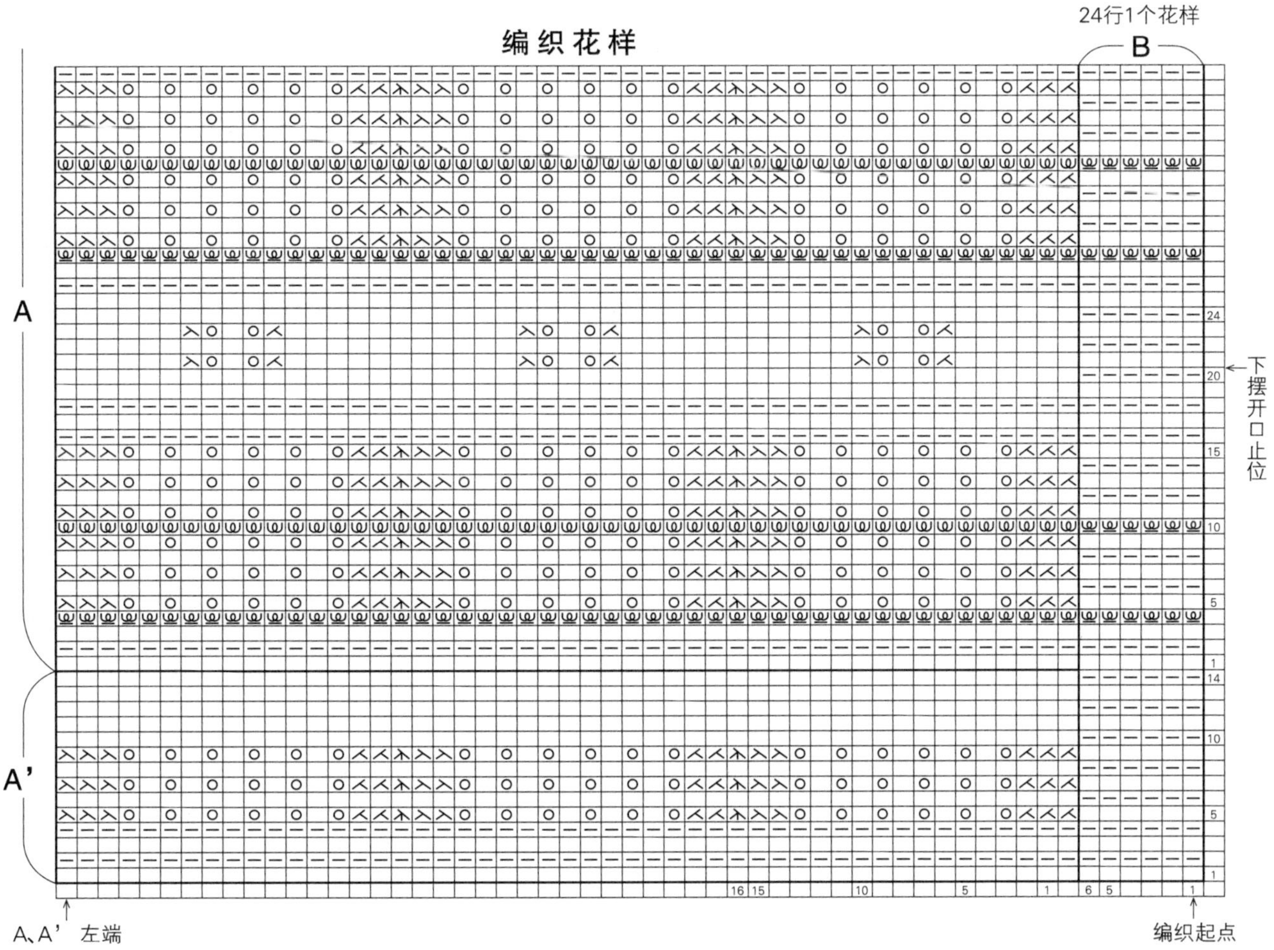

24行1个花样
B
A
A'
下摆开口止位
24
20
15
10
5
1
14
10
5
1
16 15
10
5
1
6 5
1
A、A' 左端
编织起点

□ = I 下针

= 绕线编（绕3圈）

= 上针的绕线编（绕3圈）

※编织反面行时，编织上针的绕线编，编织下针的绕线编

●材料　Ski Linen Silk（中细）驼色（1402）190g=8团，直径1.8cm的纽扣4颗

●工具　棒针4号

●成品尺寸　胸围96.5cm，肩宽38cm，衣长63cm

●密度　10cmx10cm面积内：编织花样A 23针、39行，编织花样B 23针、36行

●编织要点　后身片手指挂线起针，先编织桂花针，花样变换处用浮针编织编织花样A。胁部立织侧边1针减针。胸前交界处换成编织花样B，袖窿编织桂花针，于侧边4针的内侧减针。后领的桂花针与身片同时编织，领窝止位之间编织桂花针并进行伏针收针。前身片与前门襟的桂花针同时编织，右前门襟上编织出扣眼。肩部盖针接合，胁部挑针缝合。

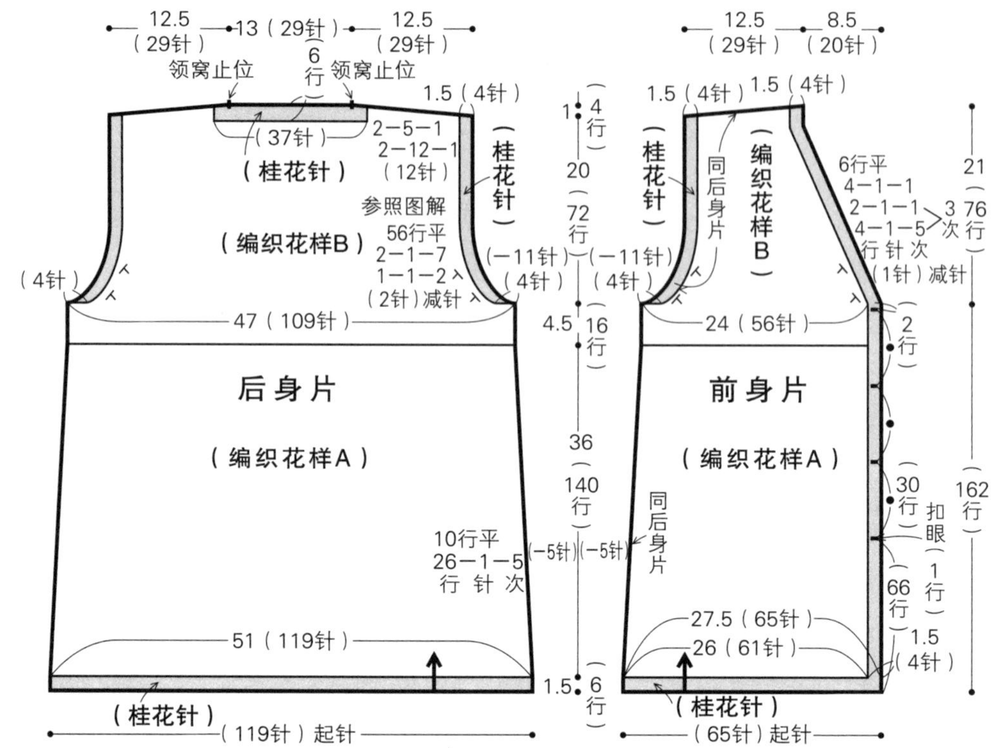

※ 全部使用4号棒针编织

编织花样

B

A

□=▣ 下针

扣眼（右前门襟）

30行

30行

1行 扣眼

66行

6行 下摆

桂花针（2针、2行1个花样）

□=▣ 下针

前门襟（4针）

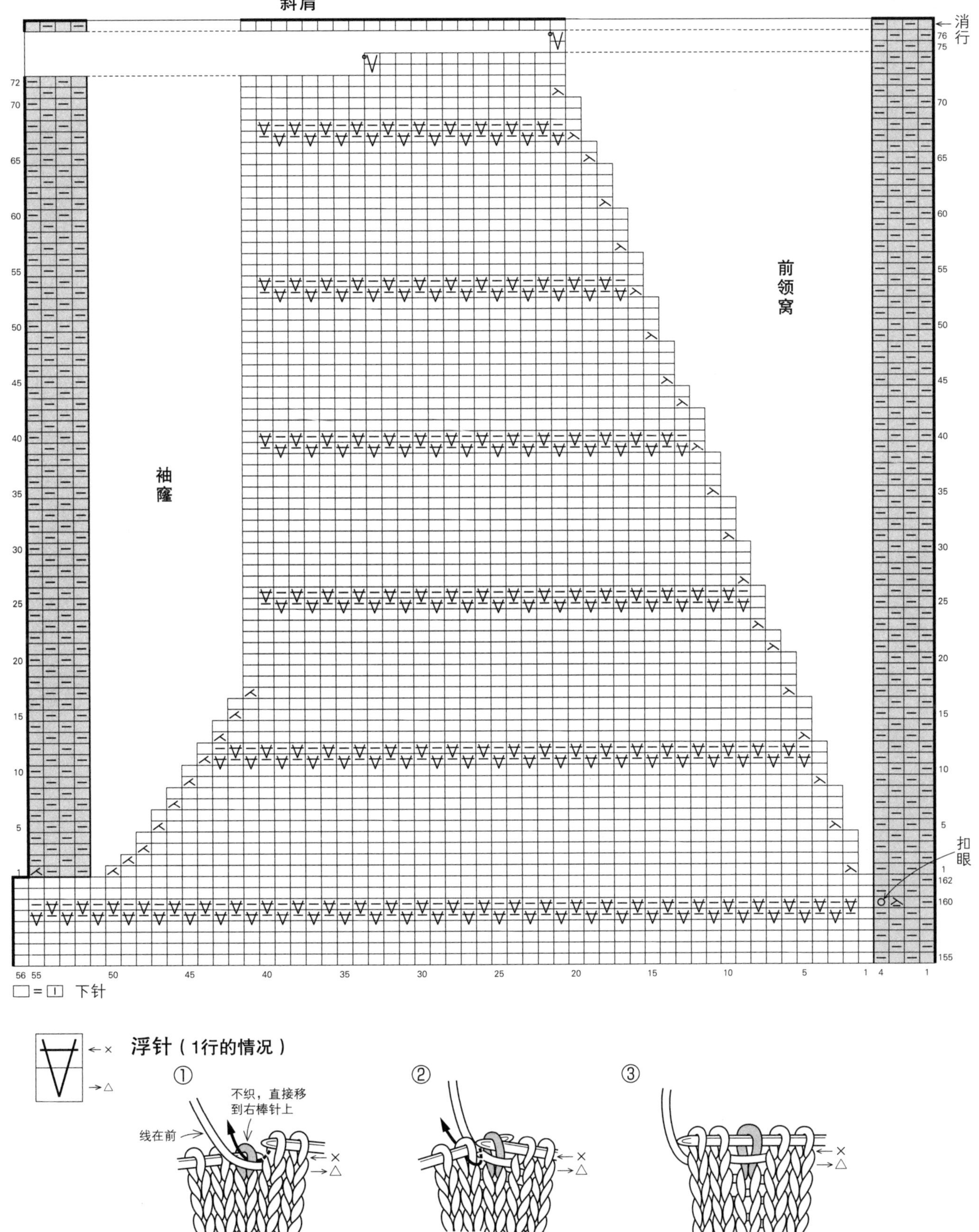
斜肩
消行
前领窝
袖窿
扣眼
□=□ 下针
浮针（1行的情况）
①
②
③
不织，直接移到右棒针上
线在前

30

37页

●**材料**　Ski Vega（粗）浅灰色+绿色系（1107）220g=9团

●**工具**　棒针6号、4号

●**成品尺寸**　胸围98cm，衣长65cm，连肩袖长28cm

●**密度**　10cmx10cm面积内：编织花样A 23.5针、30行

●**编织要点**　后身片手指挂线起针，先编织双罗纹针及中间的编织花样 B。换6号棒针，做编织花样A、A'第1行的分散减针。袖窿加针的同时进行编织花样 B'和 B"的编织，于内侧进行扭针加针。前身片使用与后身片同样的方法编织，前领尖儿处将编织花样 B分成两半，分别是 B'和 B"，于内侧进行减针。后领卷针加针后接着前领继续编织，左、右领盖针接合。肩部盖针接合。后领与身片引拔接合。肋部从袖开口止位至下摆开口止位挑针缝合。

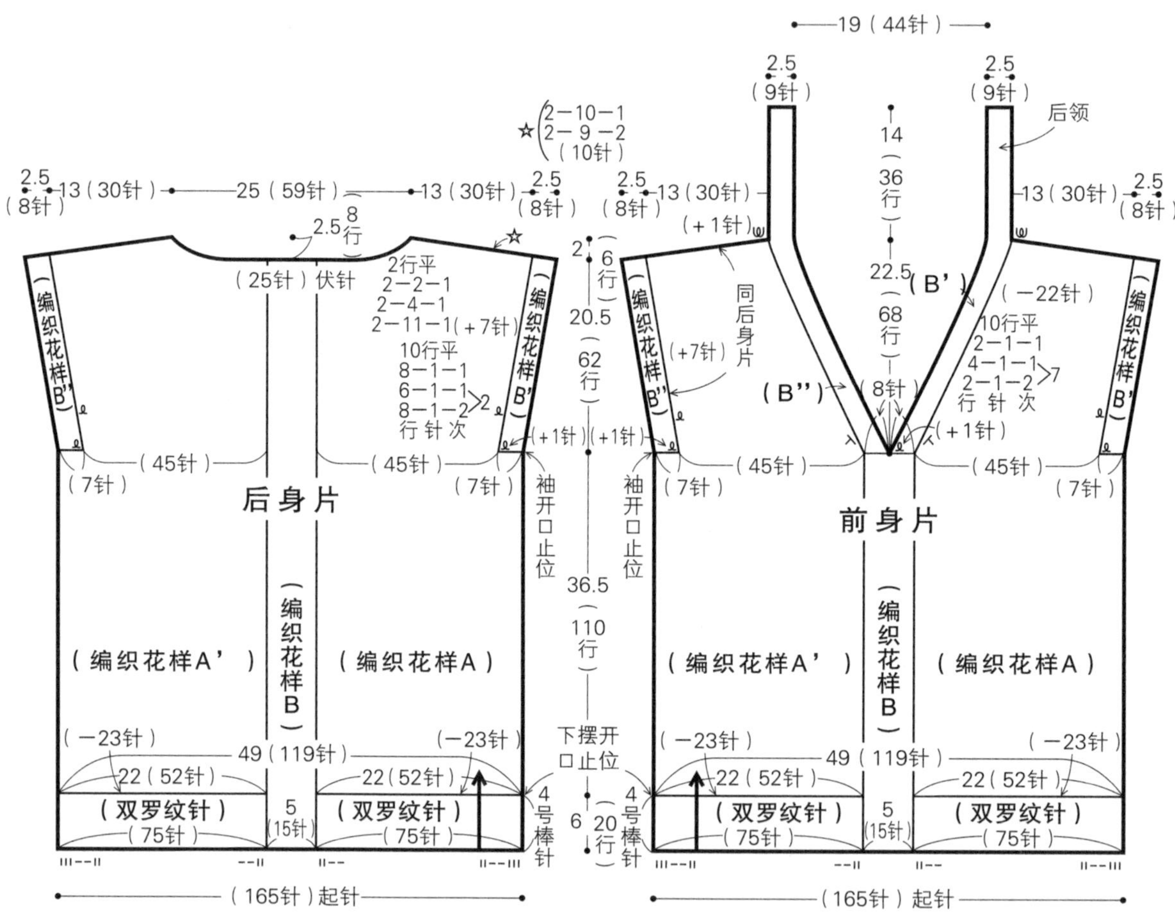

※ 除指定外均使用6号棒针编织

双罗纹针

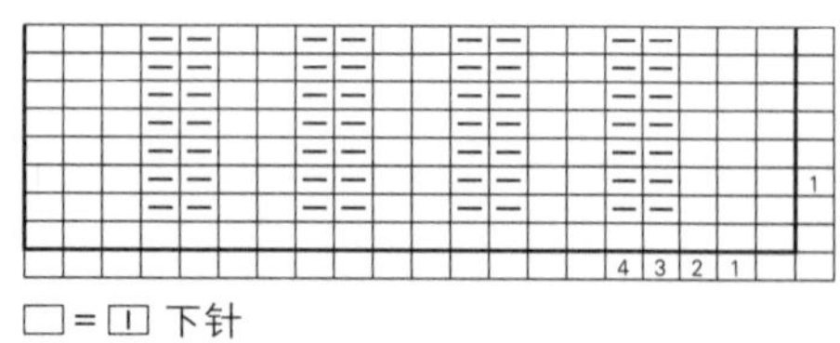

□=□ 下针

后领口的组合方法

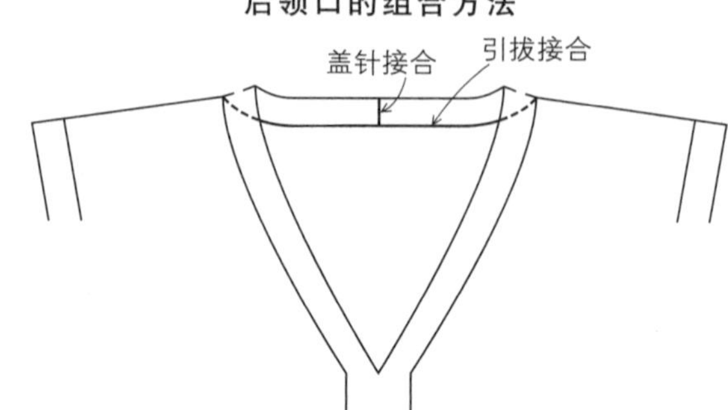

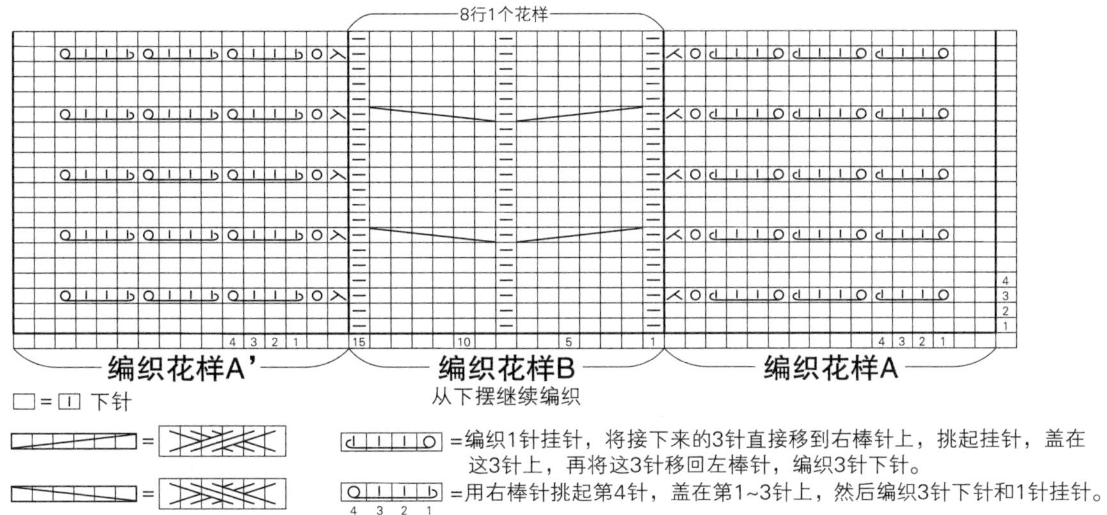

□=□ 下针

=编织1针挂针，将接下来的3针直接移到右棒针上，挑起挂针，盖在这3针上，再将这3针移回左棒针，编织3针下针。

=用右棒针挑起第4针，盖在第1~3针上，然后编织3针下针和1针挂针。

编织花样B

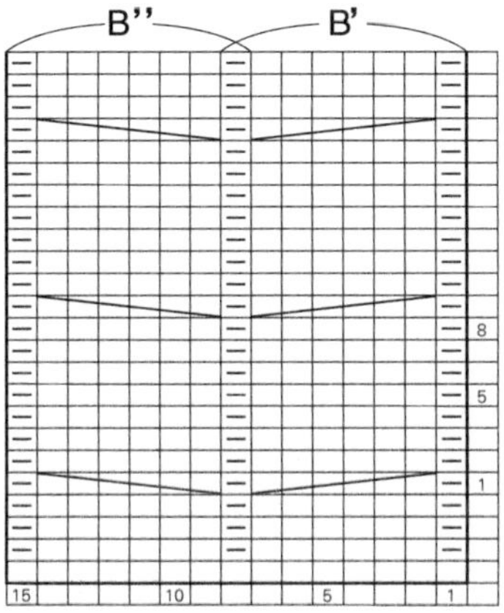

B'' B'

□=□ 下针

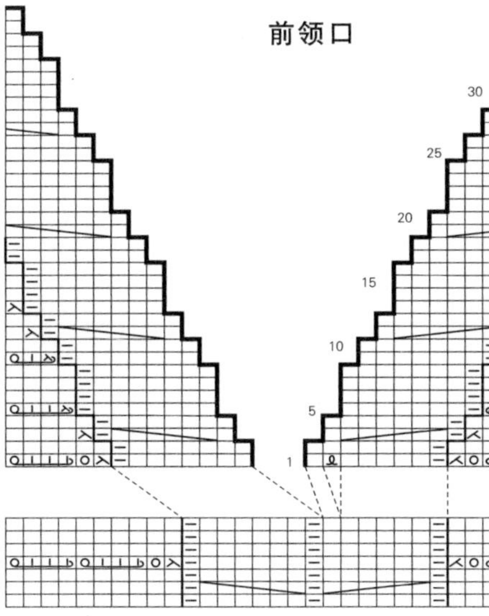

后领口

斜肩

前领口

袖口

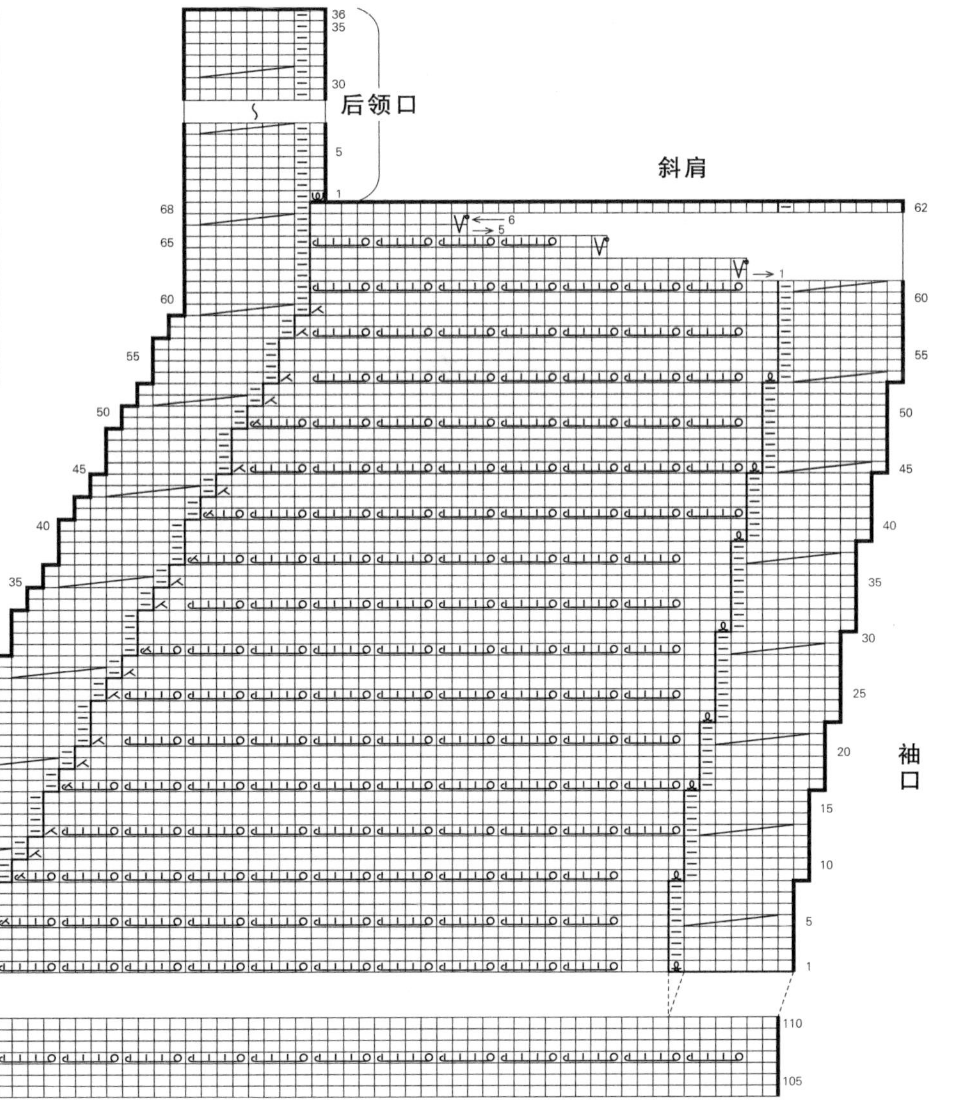

31

38页

●**材料** Ski Cotton Linen~夏衣~(中细) 浅驼色(1003) 340g=12团

●**工具** 钩针3/0号

●**成品尺寸** 胸围92cm，衣长52.5cm，连肩袖长41.75cm

●**密度** 10cmx10cm面积内：编织花样A 37针、15行，编织花样B 1个花样7.5cm x 10cm(15行)

●**编织要点** 锁针起针，从锁针的里山挑针，进行编织花样A、B的钩织，前后身片、左右袖子分开钩织。袖下的加针参照图解。育克将四个部分合在一起往返钩织环形的花样。插肩线处的减针和领窝的钩织参照图解，不断线接着钩织领口。胁和袖下进行引拔针和锁针的接合。下摆、袖口、领口分别环形钩织边缘编织。

下摆、领口、袖口(边缘编织) 3/0号钩针

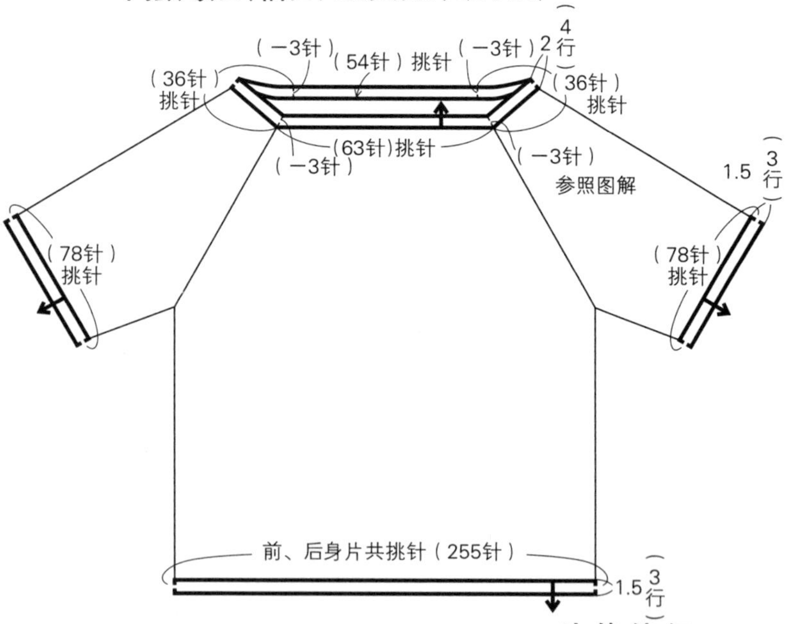

(-3针) (54针)挑针 (-3针) 2 (4行)
(36针)挑针 (36针)挑针
(63针)挑针
(-3针) (-3针) 参照图解
1.5 (3行)
(78针)挑针 (78针)挑针
前、后身片共挑针(255针)
1.5 (3行)

边缘编织

4 3 2 1

3针1个花样

※ 下摆、袖口的第3行省略

左

→其他编织图见66页

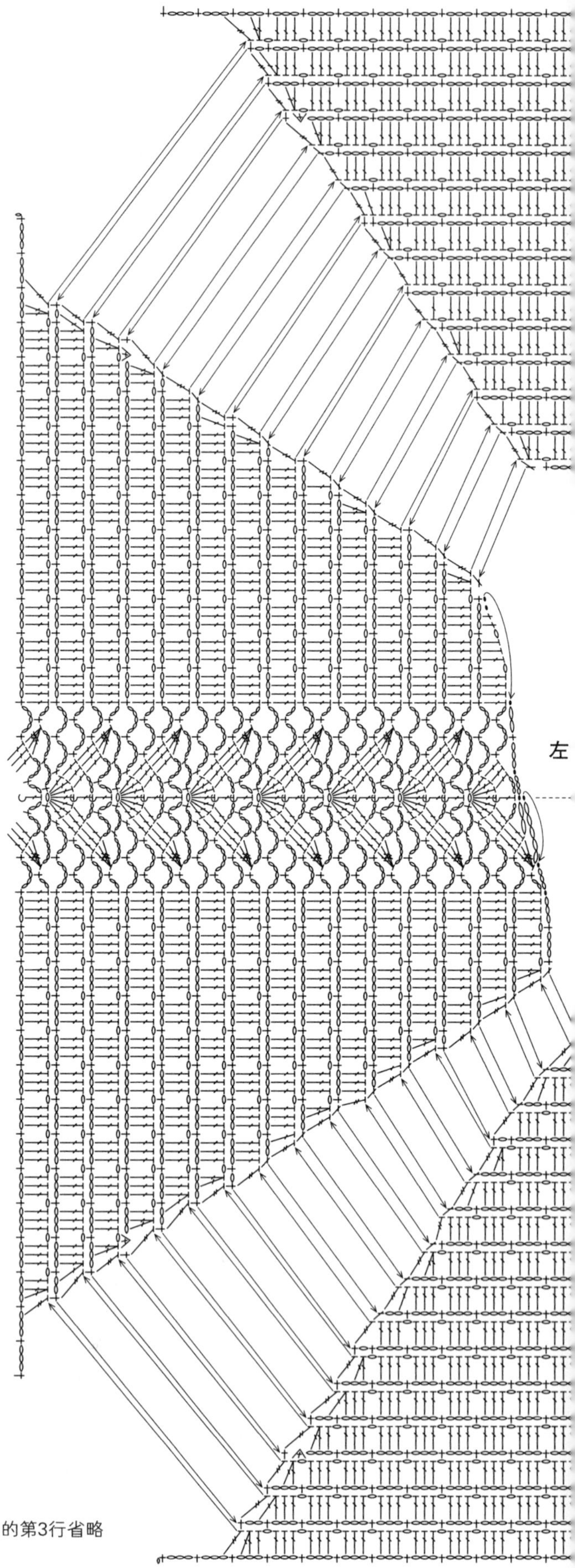

领口的挑针
前中线
26
▻ = 加线
► = 剪线
⤻ = 渡线
领窝
右袖
肩
①
②
③
④
※往返钩织至第26行，断线
在右袖的指定位置接线钩织30行
4 3 2
拐角
（－3针）
后中线
30
26
25
20
15
10
5
1
47

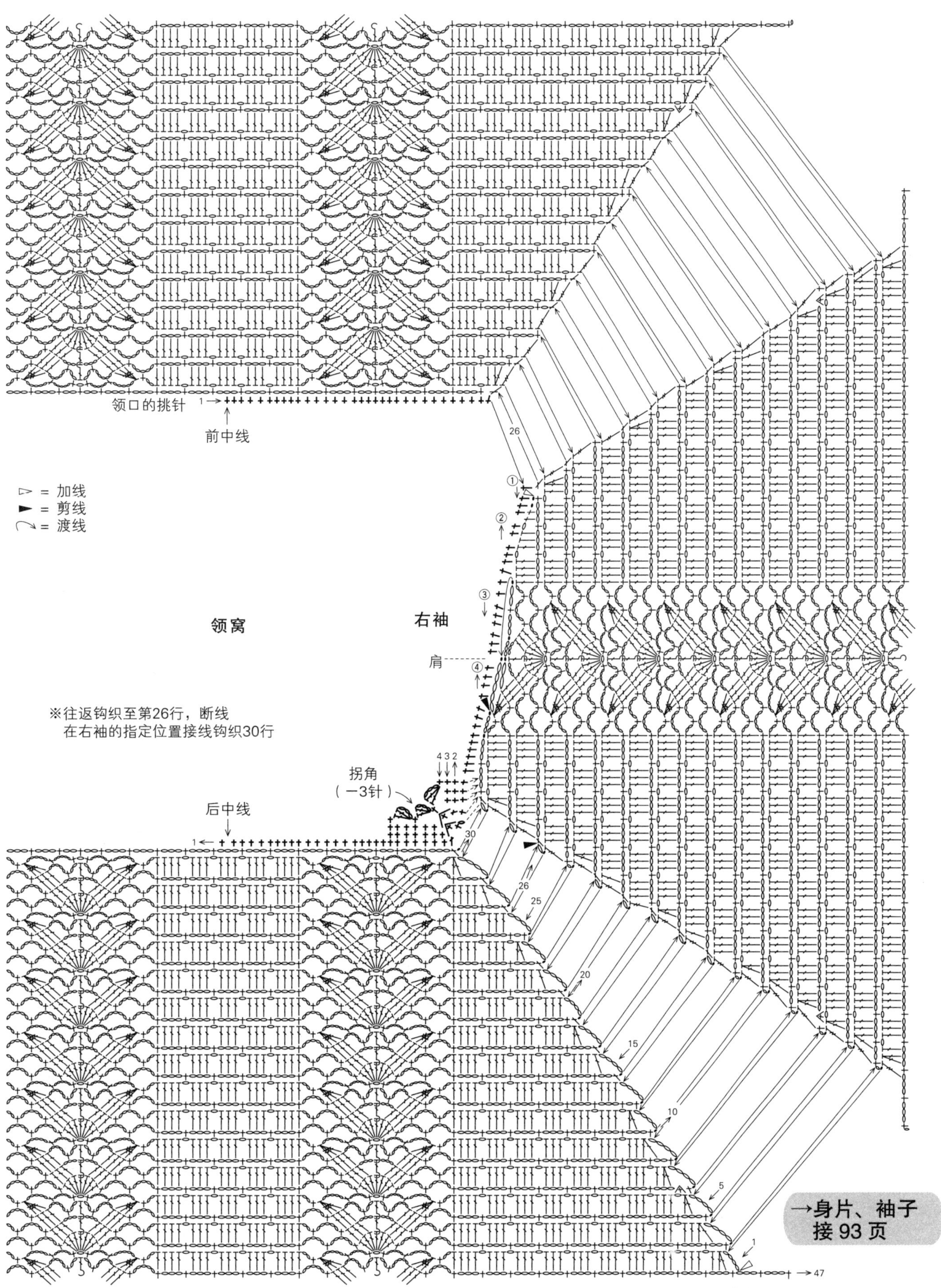

→身片、袖子
接93页

图书在版编目（CIP）数据

唯美手编. 3, 清凉的花色编织 / 日本宝库社编著；舒舒译. —郑州：河南科学技术出版社, 2018.4
ISBN 978-7-5349-8964-3

Ⅰ. ①唯… Ⅱ. ①日… ②舒… Ⅲ. ①手工编织-图集 Ⅳ. ①TS935.5-64

中国版本图书馆CIP数据核字（2018）第029490号

出版发行：河南科学技术出版社
地址：郑州市经五路66号　邮编：450002
电话：（0371）65737028　65788613
网址：www.hnstp.cn
策划编辑：刘　欣
责任编辑：梁　娟
责任校对：马晓灿
封面设计：张　伟
责任印制：张艳芳
印　　刷：北京盛通印刷股份有限公司
经　　销：全国新华书店
幅面尺寸：213 mm × 285 mm　印张：7　字数：120 万字
版　　次：2018年4月第1版　2018年4月第1次印刷
定　　价：59.00元